Stanisaw Przybyszewski

**Homo Sapiens**

Stanisaw Przybyszewski

**Homo Sapiens**

ISBN/EAN: 9783743355613

Hergestellt in Europa, USA, Kanada, Australien, Japan

Cover: Foto ©berggeist007 / pixelio.de

Manufactured and distributed by brebook publishing software (www.brebook.com)

Stanisaw Przybyszewski

**Homo Sapiens**

# Homo sapiens

## III

## Im Malstrom

Von **Stanislaw Przybyszewski** sind folgende Studien und Werke erschienen:

## Zur Psychologie des Individuums. (Berlin, Fontane 1892.)
      I. Chopin und Nietzsche.
      II. Ola Hansson.

## Totenmesse. (Berlin, Fontane 1893.)

## Vigilien. (Berlin, Fischer 1894.)

## Homo sapiens.
      I. Ueber Bord. (Berlin, Storm, erscheint 1896.)
      II. Unterwegs. (Berlin, Fontane 1895.)
      III. Im Malstrom. (Berlin, Verein f. Deutsch. Schriftthum 1895.)

## De Profundis. (Berlin, Storm 1895.)

## Pro domo mea. (Berlin, Storm 189          rede zu „De Profundis" geschrieben.

# Im Malstrom

Roman

von

## Stanislaw Przybyszewski

Verein für Deutsches Schriftthum
Berlin W.
Gleditschstraße 55

Dem Dichter

# Zenon Przesmycki

gewidmet

# I.

Janina sah Falk nachdenklich an.

Wie er sich doch in der letzten Zeit verändert hatte. Diese Unruhe! Als erwarte er jeden Augenblick irgend ein Unglück. Dann konnte er plötzlich auf eine ganze Stunde in eine sonderbare Apathie versinken und Alles um sich herum vergessen . . . Was fehlte ihm nur? Nein, er war nicht offen zu ihr. Er machte Ausflüchte. Er beruhigte sie mit leeren Redensarten . . . Hin und wieder sah sie sein Gesicht nervös aufzucken, dann machte er eine heftige Handbewegung und lächelte. Dies Lächeln — dies häßliche Lächeln hatte er aus Paris mitgebracht.

Falk schien aufzuwachen. Er richtete sich im Sopha auf, nahm ein paar Stücke Zucker und warf sie in ein leeres Glas.

— Hast Du heißes Wasser?

— Du solltest nicht so viel Grogk trinken, Erik, Du wirst davon noch unruhiger.

— Nein, nein, im Gegentheil. Er schien ungeduldig zu sein.

Janina beeilte sich, das Wasser zu bringen.

Falk bereitete sich bedächtig den Grogk. Er sah sie an: sie war so eifrig, als wollte sie's wieder gut machen, daß sie ihm zu widersprechen wagte. Er wurde sehr freundlich:

— Nein, im Gegentheil. Das beruhigt mich. Es sind meine ruhigsten Stunden hier bei Dir . . . So zu sitzen und ein Glas nach dem andern zu trinken . . . Ja, hier bei Dir . . .

Er schwieg plötzlich. Er schien überhaupt an etwas ganz Andres zu denken.

— Du hast Dich sehr verändert, seitdem Du aus Paris kamst.

— Findest Du?

— So warst Du früher nicht. Du bist so un= ruhig geworden und so nervös.

Falk sah sie an, ohne zu antworten. Er trank, sah sie wieder an und lehnte sich im Sopha zurück.

— Es ist doch sonderbar, wie gut Du bist. Er sprach mit freundlichem Lächeln. Mir ist so wohl bei Dir.

— Ist es wahr?

— Ja, ich komme ja immer zu Dir zurück.

— Ja, wenn Du müde geworden bist . . . Oh, Erik, es war nicht gut, mich drei Jahre hindurch hier in dieser furchtbaren Qual zurückzulassen. Nicht ein Wort hast Du mir geschrieben.

— Ich wollte, daß Du mich vergessen solltest.

— Dich vergessen! Nein, das kann man nicht.

Er sah sie schweigend an. Es trat eine lange Pause ein.

— Sag' mir nur, Jania — er wurde plötzlich sehr lebhaft — sag' es nur aufrichtig: ist zwischen Dir und Czerski nichts vorgekommen? Sei ganz ehrlich, Du weißt doch, wie ich darüber denke . . .

— Wir waren so gut wie verlobt . . . Aber warum frägst Du danach? Ich habe Dir doch schon hundertmal dasselbe erzählt.

— Nun, die ganze Sache interessirt mich sehr, und ich bin so vergeßlich. Dein Bruder hat es gewünscht?

— Ja, sie waren die besten Freunde.

— Und Du?

— Ich hatte nichts dagegen. Dich hatte ich ganz aufgegeben. Er war sehr gut zu mir. Worauf sollte ich denn warten? Ich hatte große Achtung vor ihm . . .

— Wenn er nicht eingesperrt wäre, würdest Du jetzt eine ehrbare Hausfrau sein . . . Hm, hm . . . Bin wirklich neugierig, wie Dich das kleiden würde . . .

Janina antwortete nicht. Sie schwiegen eine Weile.

— Hast Du ihn im Gefängniß besucht?

— Ja, Anfangs ein paar Mal.

— Und Dein Bruder ist glücklich über die Grenze gekommen?

— Das weißt Du ja.

— Hm, hm . . . Fall stand unruhig auf und ging ein paar Mal auf und ab.

— Haben sie jemals über mich gesprochen?

— Wer?

— Nun Dein Bruder und Czerski.

— Natürlich, sehr oft. Du hast ja an Czerski Geld geschickt? Hast Du das vergessen?

— Und wußten sie etwas über unser Verhältniß?

— Nein! Ich habe immer gethan, als hätt' ich Dich nie gekannt. Ich hatte Angst vor den Beiden. Sie sind so fanatisch.

— Sie wußten also gar nicht, daß Du mich früher kanntest?

— Nein. Aber hast Du nie mit meinem Bruder in Paris über mich gesprochen? Er war doch öfters bei Dir.

Falk rieb sich die Stirn.

— Ja, er kam ab und zu; aber wir sprachen fast immer über die Agitation . . . Ja doch: er hat mir einmal erzählt, daß er eine Schwester habe und daß sie sich bald verheirathen solle; übrigens fuhr ich ja bald von Paris weg . . . Nun, lassen wir das . . .

Wieder ging er unruhig herum.

— Du, Erik, hast Du Dich niemals nach mir gesehnt?

Er lächelte.

— O ja, manchmal.

— Nur manchmal?

Er lächelte wieder.

— Ich kam ja wieder zurück.

— Aber Du liebst mich nicht.

Ihre Stimme zitterte.

— Ich liebe Niemanden, aber nach Dir hab' ich mich gesehnt.

Er sah sie an, ihr Gesicht zuckte. Sie würde wohl jeden Augenblick in Thränen ausbrechen.

Falk setzte sich neben sie hin.

— Hör' mal, Jania, ich darf nicht lieben. Ich muß hassen, wenn ich liebe.

— Hast Du jemals geliebt?

— Ja, einmal. Und ich haßte das Weib, das ich lieben mußte. Nein, sprechen wir nicht darüber.

Er wurde ernst. Der Gedanke an seine Frau quälte ihn.

— Nein, nein. Man ist nicht frei, wenn man liebt. Das Weib drängt sich zwischen Alles hinein. Man muß tausend Rücksichten nehmen, man muß sie nehmen, man muß auch dasselbe Schlafzimmer haben — nun, das ist ja nicht gerade nöthig, aber — nun, ja, Du verstehst mich . . . Ich muß frei sein, jedes Gefühl, das meine Freiheit beengt, hasse ich, o, ich kann es Dir nicht sagen, wie ich es hasse.

Er nahm ihre Hand und streichelte sie mechanisch.

— Es ist doch sonderbar, Jania, daß Du mich so liebst.

— Wieso?

— Ich bin ja so kalt hier — hier . . . er zeigte auf seine Stirn.

Janina schluckte die Thränen hinunter.

— Du genügst mir so. Ich will Dich nicht anders haben. Ich verlange nichts mehr von Dir.

— Das ist gut. Deswegen fühl' ich mich so wohl bei Dir.

Er schwieg lange, dann richtete er sich plötzlich auf.

— Glaubst Du, daß ich lieben kann?

— Früher vielleicht.

— Aber wenn ich jetzt, jetzt, verstehst Du, Jemanden liebte, wenn ich ihn so liebte, daß dieser Mensch — dieses Weib mir zu einer Art Schicksal würde?

Janina sah ihn mißtrauisch an.

— Wenn ich dies Weib also so liebte, daß ich nicht einen Tag ohne sie leben könnte?

Sie schrak auf.

Falk sah sie lange an, besann sich plötzlich und lachte auf.

— Gott, bist Du ein Kind! Wie Du mich an= starrst!

Janina sah ihn mit wachsender Unruhe an. Was sagte er? Was wollte er?

— Erik, sag' mir offen, was Dir fehlt. Glaubst Du, ich sehe nicht, daß Du leidest und daß Du es mir verbergen willst?

Ihre Augen füllten sich mit Thränen.

Falk wurde sehr lebhaft.

Es sei sehr dumm von ihr, daß sie sich damit quäle. Er habe gar nichts auf seinem Herzen. Er sei im Gegentheil lange nicht so froh gewesen. Er kenne jetzt kaum, was Leiden heiße. Nein, nein . . . Er habe nur vielleicht ein wenig Lust, andere Menschen zu quälen. Das thue er nämlich sehr gerne, er habe ein grenzenloses Bedürfniß nach Liebe, und die empfinde er dann am intensivsten, wenn er die Menschen quäle. Oh, er könne sie noch ganz anders auf die Folterbank spannen, nur um in ihrer Qual diese heiße hingebende

Liebe so ganz heftig flackern zu sehen. Er könne ihr
dann das unglaublichste Zeug vorreden, daß er zum
Beispiel verheirathet sei, daß er bereits ein Kind habe
und daß ihr Kind als Bastard zur Welt gekommen sei.
Könne sie denn diese Instinkte nicht verstehen? Im
Uebrigen solle sie ihn nicht gar zu ernst nehmen. Er
pflege nicht immer seine fünf Sinne beisammen zu
haben.

Aber Janina ließ sich nicht beruhigen.

— Nein, nein, lieber Erik, ich verstehe sehr gut,
was Du meinst, aber es ist nicht so bei Dir. Ich
kann es sehr gut unterscheiden . . . Sie dachte eine
Weile nach.

— Sag 'mal, macht Czerski Dich so unruhig?

Falk horchte auf.

— Czerski? Czerski? Hm . . . Ja, ich werde wohl
viele Unannehmlichkeiten haben.

— Wieso?

— Nein, nicht gerade Unannehmlichkeiten . . . aber . . .
Falk brach plötzlich ab. — Er saß wohl anderthalb
Jahre im Gefängniß?

— Ja beinahe.

— Sonderbar, daß er jetzt gerade freigelassen
wurde . . .

Janina sah ihn fragend an.

— Warum ist das sonderbar?

Falk sah verwundert auf.

— Hab' ich gesagt, daß es sonderbar ist? Ich
habe an etwas ganz Anderes gedacht. Aber, was ich
sagen wollte . . . er sieht wohl sehr schlecht aus . . .

Nun, ja, natürlich . . . Hm, es thut mir leid um ihn. Er ist ein äußerst tüchtiger Kerl, nur so tollkühn . . . Jetzt wurde er wohl ganz und gar ein Anarchist. Das ist selbstverständlich . . . Hat er geweint?

— Nein, er war sehr ruhig. Er sagte, er war darauf vorbereitet. Machte mir nur Vorwürfe, daß ich nicht mit ihm ganz ehrlich gesprochen hätte . . . Dann nahm er das Kind, sah es lange an und fragte nach dem Vater.

— Du hast es ihm gesagt? Ja natürlich. Warum solltest Du es nicht. He, he . . . ich brauch' mich doch wohl nicht zu schämen, daß ich einem braven Bürger zum Dasein verhalf . . . He, he . . . siehst Du, Janina, ich muß manchmal so nervös auflachen, aber es kommt daher, weil ich so übermüdet bin . . . Das Leben ist nicht so leicht, wie Du es Dir in Deinem jugendlichen Uebermuthe denkst . . . Na, lach' doch über den schönen Witz . . .

Aber Janina lachte nicht. Sie sah grübelnd zu Boden.

Falk wurde gereizt.

Warum sei sie denn so traurig? Könne er denn wirklich nirgends hinkommen, ohne daß er traurige und betrübte Mienen präsentirt bekomme?

Janina erschrak über seine Heftigkeit.

Er bezwang sich und suchte einzulenken.

— Der kleine Erik ist doch gesund? Ja, selbst= verständlich. Aber Du bist wohl noch sehr schwach . . . Hm, es ist nicht leicht, ein Kind zu gebären . . .

Er betrachtete ein Bild, das über dem Bette hing.

— Das Bild haft Du damals mit mir ge
zeichnet . . . Hm . . . Erinnerst Du Dich noch? Es
war so furchtbar heiß: Du hattest eine ganz rothe
Matrosenblouse an und wenn Du so über dem Zeichen-
brette lagst . . . He, he, he . . . Damit fing es an . . .

Janina sah ihn ernst an.

— Es wäre doch besser, wenn ich Dich niemals
getroffen hätte.

— So? Warum denn?

— Nein, nein . . . ich weiß es nicht. Ich war
ja mit Dir glücklich.

— Aber?

— Ich habe Angst vor Dir. Ich weiß nicht, wer
Du bist, ich weiß nicht, was Du machst. Ich kenne
Dich jetzt schon seit zehn Jahren . . . Ja, zehn Jahre
sind es, seit ich Dich zuerst sah . . . Ich war noch
nicht vierzehn, ich war eine Zeit ja fast täglich mit Dir
zusammen und ich weiß nichts, nichts von Dir. Ich
glaube nicht, daß Du offen zu mir bist . . . Manchmal
ist es mir, als kommen Deine Worte so ganz mechanisch, ohne daß Du genau weißt, was Du sprichst . . .
Nein, nein, Du bist nicht glücklich. Das ist das Einzige,
was ich von Dir weiß. Manchmal werd' ich ganz rasend
vor Schmerz. Ich möchte in Dich hineinkriechen, um
zu sehen, was da in Dir vorgeht . . . Du liebst mich
ja gar nicht, Du sagst es auch offen, und doch muß
ich Alles für Dich thun, ich weiß nicht warum. Ich
bin wie ein kleines Kind zu Dir, ja willenlos wie ein
zweijähriges Kind . . . Was ist denn an Dir?

Falk sah sie lächelnd an.

— Der stärkere Wille.

— Vielleicht würdest Du mich lieben, wenn mein Wille stark wäre?

— Nein.

— Warum?

— Weil ich neben meinem Willen keinen andern dulde.

Falk ging an's Fenster.

Die unheimliche Stille frappirte ihn.

— Ist es immer so still hier?

— Ja, in der Nacht.

Er sah auf den weiten asphaltirten Hof, vier Stockwerke von vier Seiten. Ein echter Gefängniß= hof. Gegenüber im zweiten Stock sah er ein Fen= ster hell.

Er ging an den Tisch und goß sich frisches Wasser in's Glas.

— Es ist merkwürdig, daß es Stefan gelang, über die Grenze zu kommen. Aber der arme Czerski mußte büßen. Bei Dir war wohl auch Haussuchung?

— Ja, aber man ließ mich in Ruhe.

— Hm, hm . . . er thut mir sehr leid . . . Er liebte Dich wohl sehr?

Janina antwortete nicht.

Falk sah sie an, trank hastig und trat wieder an's Fenster.

— Nun muß ich gehen.

Janina sah ihn flehend an.

— Geh' nicht, Erik, bleib' heute bei mir, bleib...

Er wurde unruhig.

— Nein, Jania, nein, bitte mich nicht darum. Verlange nichts von mir. Es ist so schön, wenn ich zu Dir kommen und wieder gehen kann, wann ich will.

Janina seufzte schwer auf.

— Warum seufzest Du, Jania?

Sie brach plötzlich in Thränen aus.

Er wurde ungeduldig, setzte sich aber wieder hin.

Sie faßte sich mühsam.

— Du hast Recht. Geh' nur, geh' . . . Es war im Augenblick . . . Ich wurde plötzlich so unruhig. Thu' immer, was Du willst . . .

Ihre Stimme zitterte. Sie schwiegen lange.

— Den Kleinen kann ich wohl jetzt nicht sehen? . . . Ich komme übrigens morgen oder übermorgen her.

Er stand auf.

— Schreibt Stefan Dir oft?

— Selten . . .

— Merkwürdig, daß er nichts von unserem Ver=hältnisse wußte. Ich meine das frühere Verhältniß vor drei Jahren . . .

— Er war ja damals in Amerika.

— Richtig! Gott, wie ich vergeßlich bin . . . Na, auf Wiedersehen . . . Ich werde vielleicht morgen wieder kommen.

## II.

Kaum war er unten auf der Straße, als er Czerski auf sich zukommen sah.

Beide blieben stehen und sahen sich starr an.

— Sie kennen mich wohl nicht? sagte Czerski endlich.

— Ich denke, Sie sind Czerski. Sehr schön, sehr schön, was wollen Sie von mir?

— Das werden Sie bald erfahren.

— So, so . . . die Nacht ist sehr schön, wir können ja zusammen spazieren gehen, obwohl ich viel lieber allein gehen möchte.

Sie gingen lange neben einander, ohne ein Wort zu sagen. Falk war sehr unruhig und rang nach Fassung.

— Also sagen Sie mir endlich, was Sie von mir wollen.

— Was ich von Ihnen will? Ja sehen Sie, Sie wissen natürlich, daß ich mit Janina verlobt war?

— Nein, das weiß ich gar nicht. Ich habe heute erfahren, daß Sie so gut wie verlobt waren, aber nicht verlobt.

— Ja, meinetwegen so gut wie verlobt. Aber das gehört gar nicht zur Sache. Janina hatte das Recht, zu wählen, und sie hat gewählt.

— Ja, natürlich. Das war ihre Sache.

— Ja, ja, das war ihre Sache, wiederholte Czerski zerstreut und schwieg. — Aber sagen Sie nur, Herr Falk, Sie sind verheirathet?

Falk zuckte auf und blieb stehen.

— Was geht Sie das an?

— Es geht mich eigentlich nichts an, oder ja doch, es geht mich sehr viel an. Ich will nicht davon sprechen, daß Sie mein Glück zerstört haben, nein, ich komme gar nicht in Frage, aber Sie haben das Mädchen, das ich geliebt habe, geschändet, ja geschändet, so sind nun einmal unsere sozialen Verhältnisse. Wie kommen Sie dazu, Sie als verheiratheter Mensch, dies arme Mädchen zu verführen und zu schänden?

Falk lachte zynisch.

— Wie man dazu kommt? Herr Gott, sind Sie ein naiver Mensch! Die Frage, die Sie mir vorlegen, ist alt wie die Welt. He, he, wie man dazu kommt? Ich habe mir selbst die Frage mindestens tausendmal gestellt . . .

Czerski sah ihn finster an.

— Sie sind ein schmutziger Mensch, ein Schurke sind Sie.

Falk lachte freundlich.

— Aber sind wir das nicht Alle? Sind Sie etwa kein Schurke? Uebrigens sind Sie ein sonderbar unverschämter Mensch. Ich möchte Ihnen sehr gerne

eine Ohrfeige geben, wenn ich nicht zu schlaff dazu
wäre. Gehen Sie zum Teufel und lassen Sie mich in
Ruhe.

— Lassen Sie nur Ihre ritterlichen Anwandlungen
bei Seite. Es könnte Ihnen sonst sehr schlimm er-
gehen. Aber ich habe eine moralische Verpflichtung
Janina gegenüber, und so muß ich wissen, was Sie
nun zu thun gedenken. Nein, es geht mich nichts an,
was Sie thun wollen, Sie müssen so handeln, wie
ich will.

Falk blieb stehen, sah Czerski mit höchstem Erstaunen an und fing dann an laut zu lachen.

— Hören Sie, Czerski, haben Sie im Gefängniß
Ihren Verstand verloren? Ich würde mich gar nicht
darüber wundern, ich würde es sehr begreiflich finden...
He, he, man muß doch sonderbar fixe Ideen kriegen in
dieser scheußlichen Einsamkeit. Sie haben doch eine
Zelle für sich gehabt? Ich muß thun, was Sie wollen!
Ha, ha, ha ...

— Ja, Sie müssen thun, was ich Ihnen befehle.

— So, so, Sie fangen an, gemüthlich zu werden.
Bien! Also, was befehlen Sie?

— Sie müssen Janina heirathen.

— Aber Sie wissen ja, daß ich verheirathet bin.
Es giebt ja ein Gesetz, das die Bigamie bestraft, wissen
Sie es nicht? Haben Sie alle bürgerlichen Institutionen
im Gefängniß vergessen?

— Sie müssen sich von Ihrer Frau trennen und
Janina heirathen.

Falk blieb sprachlos stehen und gerieth in Wuth.

— Sind Sie denn verrückt geworden? Er konnte nichts mehr herausbringen.

— Nein, ich bin nicht verrückt geworden, aber so viel ich auch darüber nachgedacht habe, find' ich keinen andern Ausweg. Sie müssen es thun, ich werde Sie zwingen dazu. Ihre Frau wird Ihnen keine Schwierig= keiten machen. Ich glaube nicht, daß sie mit Ihnen weiter leben will, wenn sie erfährt, daß Sie eine Maitresse haben.

Falk erbebte innerlich so heftig, daß er Mühe hatte, weiter zu gehen. Seine Kniee wurden schwach, er blieb stehen und starrte Czerski sprachlos an. Dann ging er langsam weiter.

— Warum wollen Sie das thun? Falk hustete auf und faßte sich mühsam.

— Weil es der einzige Ausweg ist.

— Sie irren sich, Czerski, ich werde nicht thun, was Sie wollen. Sie können mich auch nicht zwingen dazu . . .

Falk sprach sehr ernst und ruhig.

— Alles, was Sie durch Ihren Plan erreichen, ist, daß Sie mich und meine Frau zerstören. Ihr ganzer Plan ist darauf aufgebaut, daß meine Frau mich verlassen wird, und das ist richtig. Daran zweifle ich nicht einen Augenblick. Aber die Konsequenz, die Sie daraus ziehen, ist ganz falsch. Ich werde niemals Janina heirathen . . .

— Warum?

— Weil Sie nicht die Satisfaktion haben sollen, daß ich unter Ihrem Drucke gehandelt habe. Thun

Sie, was Sie wollen, es steht Ihnen natürlich frei,
aber ich wiederhole, ja ich versichere Ihnen mit meinem
Ehrenwort, daß ich Janina nie heirathen werde. Sie
erreichen nichts dadurch, im Gegentheil: ich werde mich
natürlich an Ihnen rächen. Die Mittel sind mir voll
kommen gleichgiltig. Ich halte nämlich sehr viel vom
Gotteswort: Auge um Auge, Zahn um Zahn. Sehen Sie,
Sie gehören der sozialdemokratischen Partei an. Aber
man traut Ihnen nicht, Sie gelten eigentlich als Anar=
chist. Und Sie wissen, daß für die Sozialdemokraten
jeder Anarchist ein Polizeispitzel ist. Daß Sie im Ge=
fängniß waren? O Gott, das hat nichts zu bedeuten.
Um die logischen Konsequenzen einer solchen Lappalie
kümmern sich die Sozialdemokraten nicht.

Czerski sah ihn gespannt an. Falk lachte bos=
haft, aber innerlich kochte es in ihm vor Raserei und
Unruhe.

— Sie wissen, daß ich der Vorsitzende des Zentral=
komitees bin. Sie wissen auch, daß man zu mir ein
unbegrenztes Vertrauen hat. Aber man weiß sehr
wenig von Ihnen. Sie haben sogar einen mächtigen
Feind in der Partei, der Sie verleumdet und ver=
dächtigt ... ja, es ist Kunicki, Sie wissen es ja, Sie
waren so unvorsichtig, seinen Ausschluß aus der Partei
wegen der Duellgeschichte zu beantragen ... Nun hören
Sie ... Falk blieb stehen ... He, he ... Sie scheinen
sehr gespannt zu sein. Ja, ich verstehe es. Also ich
könnte ein Wort sagen, wenn man mich nach Ihnen
fragt, nur ein Wort, eigentlich kein Wort. Ich brauchte
nur die Brauen hochzuziehen, mit den Achseln zu

zucken, den Kopf bedenklich zu schütteln . . . Sie wissen, daß so etwas im Parteileben eine kolossale Bedeutung hat . . .

— Das wäre eine Schurkerei, schrie Czerski in höchster Wuth.

— Warum denn? Falk sah ihn kalt an. – Ich kenne Sie nicht. Ich habe Ihnen allerdings oft Geld zur Agitation geschickt. Aber auch darin spricht der Schein gegen Sie. Alles mißlang Ihnen. Sie wollten den Büchertransport über die russische Grenze leiten, die Bücher wurden aufgegriffen, Sie waren auch so unvorsichtig, die Arbeiter einmal zur Gewaltthätigkeit zu reizen, was ja sonst nur ein agent provocateur thut . . .

Czerski schien sich auf Falk losstürzen zu wollen. Falk lächelte.

— Lassen Sie das, lieber Czerski. Ich habe zu Ihnen ein unbedingtes Vertrauen. Ich kenne keinen Menschen, dem ich mehr vertraue. Ich will Ihnen nur klar machen, daß ich mich auf jeden Fall rächen würde.

— Sie sind ein Schurke, schrie Czerski heiser.

— Ja, das haben Sie schon einmal gesagt, und ich habe Ihnen darauf geantwortet, daß ich diesen Ehrentitel auch Ihnen beilege. Uebrigens ereifern Sie sich nicht, sonst ziehen Sie den Kürzeren. Ich war eine Zeit so fassungslos, daß ich glaubte, ich würde in die Kniee sinken, jetzt bin ich ganz ruhig und überlegen. Sie sind auch unvorsichtig mit den Worten. Sie sprachen von Befehlen und Zwingen . . . Das war

zu hoch gegriffen. Sie wußten ja sehr gut, daß ich
nicht gezwungen werden kann . . . Gehen Sie doch
nicht, wir können ja sehr ruhig sprechen, für mich ist
die Geschichte mindestens ebenso wichtig, wie für Sie.
Ich kann Sie ja ebensogut ein Stück begleiten, he,
he . . .

— Ich will mit Ihnen nichts zu thun haben,
sagte Czerski finster, blieb aber stehen.

Sie standen dicht unter einer Laterne.

Falk wurde sehr ernst.

— Hören Sie, Czerski, Sie sind es mir schuldig,
mich jetzt anzuhören.

— Ich habe Ihnen ja gesagt, was ich thun will.

— Aber verstehen Sie nicht, daß es Wahnsinn
ist? Sie sehen übrigens ganz krank aus. Ich habe
Sie vor zwei Jahren auf dem Kongreß gesehen. Verstehen Sie nicht, daß es Wahnsinn ist? Sie erreichen
nichts dadurch. Gar nichts. Sie zwingen mich zu
einem Verbrechen. Ha, ha, ha . . . Nein Czerski, Sie
sind ein schlechter Psychologe . . . Sie sind eigentlich
ein wenig befangen mir gegenüber, wir hatten zu viel
mit einander zu thun . . . Glauben Sie nur ja nicht,
daß ich Sie bitten will. Lassen Sie sich nur ja nicht
beirren in Ihren Entschlüssen. Sie sind übrigens ein
dummer Mensch.

Nun fing er an boshaft zu lachen und stellte
sich ganz breit vor Czerski hin, der ihn mit eigenthümlich abwesenden Augen anstarrte.

— Sie kamen da über eine ganz plumpe Geschichte in Aufregung. Plump, unerhört plump!

Glauben Sie wirklich, daß ich im Stande wäre, Sie als einen unsicheren Menschen zu denunziren?

Er wurde wieder ernst und plötzlich sehr matt.

— Uebrigens bin ich gar nicht das Zentralkomitee. Eure ganze Partei ist mir ebenso gleichgiltig, wie Sie mit Ihren knabenhaften Vorsätzen . . .

Czerski schrak plötzlich hoch.

— Also Sie lieben gar nicht Janina?

Falk sah ihn erstaunt an.

— Nein.

— Hören Sie, Falk, Sie haben schurkenhaft ge= handelt, ich hätte es nie von Ihnen geglaubt. Ich hatte eine grenzenlose Achtung vor Ihnen . . . Sie waren der einzige Mensch neben Janinas Bruder . . . Er brach ab und grübelte weiter.

Falk wurde sehr erregt.

— Es thut mir unendlich leid, daß ich auf diese Weise in Ihr Leben eingreifen mußte . . .

Czerski unterbrach ihn plötzlich.

— Und Sie wollen mit dieser Lüge weiter leben? Wollen Sie weiter Ihre Frau belügen?

Falk sah ihn erstaunt an.

— Lieber Czerski, Sie wollen sich nun plötzlich zum Richter über mich aufschwingen. Das ist ganz lächerlich. Ich schulde keinem Menschen Rechenschaft über das, was ich thue, am wenigsten Ihnen . . . Uebrigens haben wir genug gesprochen. Thuen Sie, was Sie wollen . . . Sie sind ein braver Mensch, und vielleicht kein Schurke, freut mich ungemein, einen Nicht=Schurken gesehen zu haben . . . Aber jetzt gute

Nacht . . . Er wurde plötzlich rasend. – Gehen Sie schlafen, Czerski! Er war ganz außer sich vor Wuth.

Gehen Sie schlafen, sag' ich Ihnen!

Czerski sah ihn verächtlich an.

Eine Schutzmannpatrouille ging vorbei und musterte sie aufmerksam.

— Gehen Sie schlafen! schrie ihm Falk noch einmal zu und ging langsam die Straße entlang. Er war wie gelähmt. Die künstliche Fassung verschwand plötzlich und die Unruhe wuchs so stark, daß sein Herz sich wie in einem Krampfe zusammenschnürte und kalter Schweiß ihm auf die Stirne trat.

Dann ging er schneller und schneller, bis er ganz erschöpft wurde.

— Jetzt kommt es. Ja, jetzt kommt es sicher. Das Rad kam in's Rollen und es wird unablässig weiter rollen . . . Ja, natürlich. Dieser Wahrheitsfanatiker wird sich nicht abhalten lassen.

Falk wollte die Gefahr überdenken, aber sein Gehirn war müde, nur die Vorstellung des Verderbens, des Zerstört-Werdens beherrschte ihn mit unsagbarer Qual.

Ein Weib ging hastig vorbei, und hinter ihr liefen zwei betrunkene Studenten.

— Die Hunde! Nein, wie das Alles ekelhaft ist, wie ekelhaft! Nein, zum Donnerwetter! Das ist ja unerhört idiotisch, sein ganzes Leben für ein paar Sekunden thierischen Genusses einzusetzen. Das ganze Leben? Er lachte höhnisch. Nein, zum Teufel, man setzt ja nur ein paar Sekunden für ein paar neue Sekunden

auf's Spiel . . . Ha, ha, ha . . . Ein Weib löst das
andre ab . . . Vive la reine . . .

Er blieb auf einer Brücke stehen und starrte vor
sich hin. Er war wie blind geworden, aber nach und
nach sah er eine ungeheure schwarze Masse wuchtig
und majestätisch über den ganzen Himmel emporwachsen,
und nach und nach erkannte er die gewaltigen Formen
des Bahnhofs. Hin und wieder hörte er einen schrillen
Pfiff der Lokomotive, die unter der Brücke rangirte.
Er ging auf die andere Seite der Brücke. Vor ihm
dehnte sich das weite Terrain der Bahnhofsanlage.
Er sah die ungeheure Anzahl von Lichtern an den
Schienen entlang, er sah die verschiedenfarbigen Signal-
laternen, er starrte hin, bis alle Lichter in einen großen,
zitternden Regenbogen, nein, eine große tausendfarbige
Lichtsonne zusammenflossen . . .

Als Falk nach Hause kam, saß Isa halbausgekleidet auf ihrem Bette und las.

— Endlich bist Du gekommen! Sie kam ihm entgegen. Oh, wie ich mich nach Dir gesehnt habe.

Falk küßte sie und setzte sich auf den Schaukelstuhl.

— O, wie ich müde bin!

— Wo warst Du denn?

— Ich war mit Iltis zusammen.

— Hast Du 'was Neues gehört?

— Nein, nichts von Bedeutung.

— Du bist so blaß, Erik?

— Ich habe ein wenig Kopfschmerzen.

Isa setzte sich neben ihn auf einen Stuhl, nahm seinen Kopf in beide Hände und küßte ihn auf die Stirn.

— Du bleibst jetzt immer so lange weg, Erik. Es ist so unangenehm, den ganzen Abend allein zu sitzen.

Falk sah sie an und lächelte,

— Ich muß mich jetzt allmählich von Dir emanzipiren.

— Warum?

— Nun, wenn Du mir plötzlich weglaufen solltest . . .

— Oh, Du! Sie küßte ihn noch heftiger.

Falk stand auf, ging nachdenklich im Zimmer auf und ab, blieb dann vor ihr stehen und betrachtete sie lächelnd.

— Worüber denkst Du so nach?

— Du bist doch sehr schön, Isa.

— Hast Du es nicht früher gesehen?

— Ja, natürlich. Aber es ist doch seltsam, daß ich Dich nach einer vierjährigen Ehe noch immer so schön finde, wie am ersten Tage.

Isa sah ihn glücklich an.

— Du, Isa, wir haben doch sehr glücklich zu= sammen gelebt.

— Oh, ich war so glücklich, und ich bin so glück= lich, ich habe ein so starkes, ein so frohes Bewußtsein von Glück . . . Manchmal bekomme ich Angst, daß es nicht lange dauern sollte dies große Glück . . . Aber das ist natürlich lächerlich, so ein Weiberaberglaube . . . Ich weiß ja, daß Du mich immer lieben wirst, und dann brauch' ich nichts mehr, dann kann ich mich ja nie unglücklich fühlen. Selbst wenn Du so nervös bist, wie jetzt, und ganze Tage ausbleibst, macht es nichts . . . Es ist eigentlich so schön, so zu sitzen und an unsere Liebe zu denken.

Sie schwieg einen Augenblick. Falk ging herum und sah sie von Zeit zu Zeit unruhig an.

— Und Deine Liebe ist so schön, so schön . . . Ich denke so oft daran, daß ich die Erste bin, die Du geliebt hast, ich weiß auch, daß kein anderes Weib für

Dich existirt, und das macht mich so stolz, Du verstehst vielleicht nicht dies Gefühl . . .

— Ja, ja, ich kann es mir denken.

Sie sah ihn lächelnd an.

— Nicht wahr, Erik, Du hast doch nie, seitdem Du mich getroffen hast, ein Weib so angesehen, so . . .

— Wie?

Sie lachten sich beide an.

— Nun so, wie es ich glaube im Neuen Testamente steht von dem Blicke, der beredter wie Worte begehren kann . . . Ha, ha, waren die Herren von dem Neuen Testament erfahren . . . Aber warum frage ich Dich danach, ich weiß es ja.

— Bist Du so sicher?

Falk setzte eine geheimnißvolle Miene auf.

— Ja, nichts ist für mich so sicher.

— Hm, hm . . . Du mußt doch ein unglaubliches Vertrauen zu mir haben.

— Ja, das hab' ich, sonst könnt' ich nicht so glücklich sein.

Falk sah sie aufmerksam an.

— Aber was würdest Du dazu sagen, wenn ich Dich doch betrogen hätte?

Sie lachte.

— Du kannst es ja nicht.

— Aber wenn ich es doch gethan hätte?

— Nein, Du hast es nicht.

— Aber setzen wir es voraus, ich hätte es unter ganz besonderen Umständen gethan, unter Umständen, für die kein Mensch verantwortlich ist.

Sie wurde ein wenig unruhig und sah ihn an.

— Sonderbar, wie Du so etwas voraussetzen kannst.

Falk lachte.

— Natürlich hab' ich es nicht gethan. Aber wir können ja doch einen solchen Fall rein psychologisch nehmen. Ich habe heute so viel darüber nachgedacht. Es interessirt mich.

— Nun ja.

— Also siehst Du, Isa, ich kann Dich zuweilen hassen. Das hab' ich Dir oft gesagt. Ich kann Dich so intensiv hassen, daß ich ganz von Sinnen bin. Ich hasse Dich, weil ich Dich so lieben muß, weil alle meine Gedanken sich auf Dich beziehen, weil ich nirgends hingehen kann, ohne Dich beständig vor den Augen zu haben.

— Aber das ist ja eben so schön! Sie küßte ihn auf die Augen.

— Nein, laß nur, Isa. Hör weiter. Ich hasse Dich zuweilen und liebe Dich gleichzeitig mit einer solchen Unruhe, daß ich davon ganz krank werden kann. Ich versuche Dich loszuwerden. Es ist kein Glück, so zu lieben . . .

Falk stand auf und redete sich immer heftiger hinein.

— Nun siehst Du, man bekommt so eine rein physische Sehnsucht, diese Unruhe, diese Qual zu vergessen. Man sehnt sich nach einem Ruhekissen . . . He, he — Ruhekissen, das ist das Richtige . . . Er lächelte mit einer eigenthümlich schiefen Grimasse. Nun kennt man ein Weib von früher her. Ein Weib, das in ihrer Liebe so aufgegangen ist, daß sie nur um dieser Liebe willen lebt. Man geht zu ihr, ohne sich etwas dabei zu denken, man geht ganz mechanisch, weil man sich plötzlich erinnert, daß das Weib doch noch existiren müsse. Ja: sie ist da und ist verrückt vor Glück . . . Ha, ha, ha . . . Du bekommst einen so sonderbaren Zug um den Mund, wenn Du so gespannt zuhörst, ganz wie kleine Mädchen in der Schule, wenn sie recht aufmerksam sind. Aber hör' nur. Ja, richtig . . . Iltis, weißt Du, der versteht sich darauf. Er sagte einmal, daß es einen Moment giebt, in dem jedes Weib schön wird. Und er hat Recht. Nun denk Dir: das Weib wird ganz verklärt, sie wird so neu, so seltsam schön, sie hat aufgehört, sie selbst zu sein, es erstrahlt in ihr etwas von der Ewigkeit des Naturzweckes . . .

Falk brach plötzlich ab und sah sie forschend an.

— Na und?

— Und? Hm, Du weißt ja, was im Menschen geschehen kann, ohne daß man sich dessen recht bewußt wird . . .

Er stand wieder auf und sprach sehr ernst:

— Der Mensch ist ja so wenig über das Thier hinausgegangen. Das Bißchen Bewußtsein ist ja nur dazu da, um etwas Geschehenes zu konstatiren . . . Es kann so eine kleine Empfindung sein, so ein winziges Pünktchen in der Seele. Man wußte früher nichts davon, gar nichts. Aber so wird diese Empfindung, diese winzige, losgelöste Empfindung wach. Mit einem Ruck kann sie zu einer riesigen, maniakalischen Idee

auswachsen . . . Es ist vielleicht die Empfindung von
einem Tropfen Blut, nicht wahr? Unter irgend einem
Umstand kann man die Sehnsucht bekommen, Blut zu
sehen, nein, nicht mehr Blut, ein Meer von Blut, eine
Pfütze von zerfleischten, auseinandergerissenen Gliedern,
weiß Gott was Alles . . .

Er sah plötzlich Isa an und lachte auf.

— Du hast wohl Angst, Isa?

— Nein, nein, aber Du bist so ernst geworden,
und wenn Du sprichst, so weiten sich Deine Augen,
als ob Du selbst Angst hättest.

— Angst? . . . Ja, ich habe Angst vor diesem
fremden Menschen in mir . . . Aber hör' nur: man
sieht das Weib urplötzlich in dieser verklärten Schönheit.
In diesem Augenblick taucht etwas wie Neugierde auf,
eine brennende Neugierde, eine Gier, das Weib in ihrem
Urgrunde zu fassen.

— Und?

— Ja, man vergißt Alles, man gehört sich nicht
mehr. Etwas arbeitet ganz spontan in der Seele, es
thut Alles auf eigene Faust. Man nimmt das Weib.
Ist es nicht furchtbar? fragte er plötzlich.

— Ja, furchtbar.

— Was würdest Du nun sagen, wenn mir so
etwas passirt wäre?

— Nein, Erik, sprich nicht so. Ich will nichts
davon hören. Ich habe einmal darüber nachgedacht . . .

Falk sah sie erstaunt an.

— Wann hast Du darüber gedacht?

— Nein, nein, ich habe eigentlich nicht gedacht. Es flog mir nur so plötzlich durch den Kopf einmal.

— Wann, wann?

— Als Du bei Deiner Mutter warst und krank wurdest. Du weißt, damals hat sich gerade das Mädchen ertränkt. Aber Du bist ja so blaß und Deine Augen werden so groß. Sonderbar, wie Deine Augen groß sind.

Falk sah sie unverwandt an.

Was hast Du da gedacht?

— Ich bekam jetzt plötzlich einen so schmerzhaften Ruck von Angst.

Falk ermannte sich und suchte zu lächeln.

— Wir erzählen uns ja auch so schöne Schauergeschichten . . . Aber was hast Du damals gedacht?

— Ich saß neben Deinem Bett, ich war so müde und schlief ein. Als ich aufwachte, waren Deine Augen weit aufgerissen und starrten mich ganz unheimlich an.

— Davon weiß ich nichts.

— Nein, natürlich nicht. Ich bin auch nicht sicher, ob das Alles nicht ein Traum war. Aber da fuhr es mir mit einem Mal wie ein Blitz durch den Kopf: Gott, wenn das Mädchen Deinetwegen in's Wasser gegangen wäre!

— Was meinst Du? Sie war ja im Bad ertrunken. Wie kamst Du auf die Idee . . .?

— Ich weiß nicht, wie ich darauf kam, ich war so nervös und so übermüdet, und da erzählte Deine Mutter, daß Du sehr viel mit ihr zusammen warst.

Falk wurde unruhig.

— Sonderbar, was Du für Ideen bekommst.

— Ich konnte diese Gedanken nicht los werden. Ich habe so fürchterlich gelitten, weil ich wußte, daß ich dann gleich, sogleich von Dir gehen müßte. Nicht eine Sekunde würd' ich dann bei Dir bleiben können.

Falk blickte sie starr an:

— Es wurde mir jetzt mit einem Male so unendlich klar, daß Du dann gehen würdest. Nicht wahr? Sofort . . .

— Ja.

— Ja, ja, so etwas versteht man in einer Sekunde. Es lag da in der Art, wie Du sprachst, etwas so Unheimliches . . .

— Was meinst Du?

— Sei nur nicht so ängstlich. Falk lächelte. Aber es kam mir so vor, als ob mein Schicksal gesprochen hätte.

— Dein Schicksal?

— Ja, verstehst Du, Du brauchst eigentlich nicht zu sagen, was Du meinst . . . Ja, sieh nur: Du hast mir Anfangs nie gesagt, daß Du mich liebtest, wir waren uns auch noch ganz fremd, aber ich hörte es an Deiner Stimme. Du sprichst nämlich ganz anders wie alle anderen Menschen. Jetzt hab' ich es wieder gehört, ich meine, ich weiß nun so sicher, was dann kommen würde. Ich weiß nicht, woher ich diese Sicherheit habe . . . Aber, was sprechen wir darüber . . . Was macht mein großer Sohn?

— Er war sehr unruhig heute. Lief und schrie,

3*

und als ich ihn fragte, warum er so schreie, antwortete
er: Ich muß, ich muß!

— Sonderbar! Falk ging nachdenklich auf und ab.
Das Kind ist doch ganz merkwürdig nervös. Ja, er
wird sicher ein Genie werden; alle Genies haben heiße
Köpfe und kalte Füße . . . Ha, ha, ha. Ihm müßte
wohl auch eine kleine Hirnpartie ausgeschnitten werden . . .
Ich glaube, jeder Mensch hat da eine Partie, die be=
seitigt werden müßte, ja, ja — dann würden wir Alle
sicut Deus werden . . . Aber sag' 'mal, Ija: so ein
Genie ist doch ein sonderbares Thier, so wie ich zum
Beispiel. Sieh' mich doch an: bin ich etwa nicht ein
Genie? He, he, he . . . Nun ist die menschliche Rasse
so degenerirt, auf fünfhundert Millionen sind vierhundert=
neunundneunzig Cretins und Idioten. Sollte da nicht
ein Genie die Verpflichtung haben, die Rasse zu ver=
bessern?

— Wodurch?

— Nun natürlich dadurch, daß er möglichst viele
Kinder mit möglichst vielen Weibern zeugte.

— Aber Du hast ja gesagt, daß die Kinder von
Genies Idioten werden.

Falk lachte.

— Ja, Du hast ein fabelhaftes Gedächtniß, aber
interessant wäre es für unsern Janek, später einmal an
lebenden Exemplaren die Eigenschaften zu studiren, die
sein großartiger Herr Papa hatte. In den eventuellen
hundert Kindern, die ich an den eventuellen hundert
Stellen haben könnte, müßten sich ja die hundert liebens=
würdigen Eigenschaften, deren ich mich erfreue, vererben.

— Nun faselst Du, lieber Erik.

Isa kleidete sich langsam aus und machte sich das Haar auf.

— Nun gute Nacht, Isa. Ich will noch heute arbeiten.

— Erik, ich habe Angst. Geh noch nicht.

— Sei doch kein Kind . . . Ich habe ja nur darüber gesprochen, weil ich es vielleicht schreiben werde. Denk' an mich, dann wirst Du die Angst vergessen.

— Komm', küsse mich.

— Nein, ich will Dich nicht küssen. Du bist so verwirrend schön, und ich muß arbeiten . . . Gute Nacht.

# IV.

Falk trat in sein Arbeitszimmer, setzte sich vor den
Schreibtisch hin, stützte seinen Kopf in beide Hände und
stöhnte laut auf.

Seine ganze Ruhe, die er so mühsam Isa gegen=
über bewahrt hatte, war verschwunden und wieder fühlte
er das Pochen und Bohren seiner Qual. Die Unruhe
ringelte sich wie ein spitzer scharfer Trichter in sein
Rückenmark hinein, ein Gefühl, als müsse er nun aus=
einanderfallen, wuchs schäumend in ihm empor; er
sprang auf, setzte sich wieder hin, er wußte sich
keinen Rath.

Es war ihm, als müßte nun Alles um ihn her
einstürzen, zusammenbrechen, einsinken; er fühlte eine
Orgie von Zerstörungs= und Untergangsekstase um
sich her.

Und die schwüle Hitze der Sommernacht erdrückte
ihn, breitete sich stickig in seiner Lunge, er wurde so
empfindlich, daß er kaum athmen konnte.

Er riß das Fenster auf und fuhr fast entsetzt
zurück.

Der Himmel! Der Himmel! So hatte er ihn nie
gesehen. Es war, als hätte er plötzlich die astronomische

Diſtanz wahrgenommen. Er ſah die Sterne, als wären
ſie in eine millionenmal weitere Entfernung gerückt,
größer, feuriger, wie rieſige, gangränöſe Brandflecken.
Und der Himmel kam ihm ſo entſetzlich lebendig vor...
Schweiß trat ihm auf die Stirn, und die Augen fühlte
er ſchmerzhaft hervorquellen.

Da faßte er ſich wieder.

Und in einem Momente ſtürzte auf ihn ſein ganzes
Leben mit einer viſionären Deutlichkeit. Eine Periode
wickelte ſich nach der andern mit raſender Schnelligkeit
ab. All das Furchtbare, Entſetzliche ſeines Lebens: ein
Untergang nach dem andern, eine Zerſtörung nach der
andern... So hatte er ſein Leben nur einmal geſehen,
ja, damals, als er das arme Kind, dieſe Taubenſeele
von Marit zerſtört hatte... huh, Marit, das war das
Scheußlichſte. Dieſe zwecloſe Zerſtörung, dieſer Mord...

Er kam plötzlich zum Bewußtſein und lachte boshaft.

Zum Teufel! Bin ich denn ſenil geworden? Was
geht mich ein Mord an, den die Natur begeht? Ha,
ha, ha... Daß ſie die Liebenswürdigkeit hatte, ſich
zufällig meiner Wenigkeit als eines Mordinſtrumentes
zu bemächtigen, dafür ſollte ich nun leiden!? Nein!
nein! das geht nicht.

Er kam in Hitze.

Verehrtes und von mir ſpeziell hochgeſchätztes
Publikum — beiläufig geſagt, hätt' ich keine üble Luſt,
Euch Allen auf die Köpfe zu ſpucken, aber das darf ich
nur in Parentheſe — Gott wie geſchmackvoll! Alſo
unglaublich hochgeehrtes Publikum: ich lehre Euch einen

neuen Kniff, einen ungemein nützlichen Kniff ... Es
ist eine Entschleierung, ein Desavouement, ein neues
Testament, ein neues Erlöserheil ... Am Anfang war
die pfiffige, boshafte, teuflische Natur ... Man hat
Euch gesagt, sie sei gewaltig, unbekümmert, kalt und
stolz, sie sei weder gut noch schlecht, sie sei weder Dreck
noch Gold ... Lüge, verehrtes Publikum, infame,
lächerliche Lüge! Die Natur ist boshaft, raffinirt bos=
haft, verlogen, hinterlistig ... das ist die Natur! He,
he, he ... Natürlich sperrt das verehrte Publikum
seine Kauwerkzeuge auf, als ob ein vierspänniger Heu=
wagen einfahren sollte ... Ein geriebener Schlaumeier
ist die Natur, ein boshafter, schurkischer Teufel ...
Was bin ich? Weißt du's? Weiß er es? Natürlich!
Die Individualisten, die klugen Leute, die sich da in die
Brust werfen und schreien: Ich bin Ich! O, die wissen
es ... die Individualisten!

Falk lachte höhnisch auf.

Ich bin nichts, ich weiß auch nichts! O! es ist
furchtbar! Furchtbar ist es! Nicht wahr, Isa? Du
bist die Einzige, die das Furchtbare zu würdigen ver=
steht ... Ich sehe, daß sich meine Bewegungen zu
Handlungen kombiniren, ich höre mich reden, ich fühle
gewisse Vorgänge in den Geschlechtsorganen, und eine
That ist vollbracht! Was ist geschehen? Ein Unglück
ist geschehen! Hi, hi, hi, hört Ihr den Teufel grinsen?
Wer hat es gemacht? Ich?! Ich?! Wer bin ich?
Was bin ich?

— — — — — —

Er kam in ein Verzweiflungsfieber.

Ich habe es nicht gemacht! Mein Gott, wie kann ich etwas hindern, das schon lange in mir vorbereitet war und nur auf eine Gelegenheit wartete, um hervor zubrechen und unter seiner Lava Alles zu begraben! Wußt' ich etwas davon? Kann ich hindern, daß sich ein Blick in meine Seele senkt und dort Kräfte wach ruft, Kräfte, von deren Existenz ich keine Ahnung hatte? Und dafür, daß etwas Unbekanntes in mir ein Unglück angestiftet hat, soll ich büßen, dafür soll ich von meinem Gewissen gefoltert werden?

Liebe Natur, versuch' deine boshaften, tückischen Kunstgriffe an anderen Menschen: ich kenne zu gut deine Kniffe und Schliche — nein! mich zu quälen, gelingt dir nie — nie!

— — — — — — — —

Er schenkte sich ein großes Glas Kognak ein und leerte es auf einen Zug.

Wie wundervoll Der die Sache ausgeklügelt hatte! Er wird zu meiner Isa gehen und ihr einfach sagen: Gnädige Frau, Ihr Mann ist ein Schurke, er hat mit einem fremden Weibe den Anstoß zu einer neuen genealogischen Linie, zu einer unechten Faltlinie gegeben. Sie, gnädige Frau, werden sich natürlich von ihm scheiden lassen, damit Ihr Gemahl das Mädchen bei rathen kann, wodurch beide Linien eine genealogische Echtheit erlangen. Ha, ha, ha . . .

Aber, lieber Czerski, es fällt mir gar nicht ein, zwei echte Linien zu haben.

Nun, dann werd' ich's trotzdem Ihrer Gemahlin sagen, denn ich will Sie von der Lüge befreien, ich bin ein Tolstoj, ein Björnstjerne-Björnson, ich kämpfe für die Wahrheit . . .

Aber, lieber Czerski, verstehen Sie nicht, daß die beiden Herren senile Philosophen sind, verstehen Sie nicht, daß die Wahrheit zu einer blödsinnigen Lüge wird, sobald sie Menschen zerstört? Verstehen Sie nicht, daß es mir ein unendliches Glück wäre, zu Isa zu gehen und ihr Alles zu sagen, verstehen Sie nicht, daß mir diese Lüge eine unendliche Qual bereitet, aber die Wahrheit mir noch eine tausendmal größere bereiten, und außerdem noch Isa zerstören würde? Verstehen Sie nicht, daß Wahrheit in diesem Falle eine Idiotie, ein Blödsinn, eine ekelhafte Grausamkeit wäre?

Das verstehen diese bornirten Gehirne natürlich nicht. Und das Unheil wird kommen. Isa? Ja, Isa wird gehen. Das ist sicher. Sie wird einfach verschwinden . . . nein, sie wird mir noch die Hand zum Abschied reichen, nein — vielleicht nicht, weil ich sie durch die Andere beschmutzt habe. Ja, ganz so wird sie sagen . . . Aber was dann, was dann?

— — — — — — — — —

Er zerbrach sich den Kopf, als müßte er nothgedrungen den Stein der Weisen finden.

Seine Knice waren schwach geworden, er fiel erschöpft auf das Sopha hin.

Es war zweifellos. Das Andere in ihm hatte ihn zu Grunde gerichtet. Er fühlte sich endlos erschlafft, schwach und machtlos:

Die Macht der Umstände haben den wissenden

Herrn Falk vernichtet, eben weil er wissend war. Aber wenn Herr Falk zu Grunde geht, so ist es doch ganz anders, wie wenn z. B. sich die kleine Marit in's Wasser wirft, weil sie sich nicht dazu hergeben wollte, Mutter einer Falk'schen Seitenlinie zu werden. Es ist roh gedacht, sehr roh, aber diese Rohheit thut weh, und das ist ein Genuß . . . Aber ja, geht Falk zu Grunde, so kann er es kontroliren, den Zusammenbruch von Etappe zu Etappe verfolgen, notiren, registriren . . .

He, he, he . . . die Natur hatte er nun gründlich entschleiert. Das Gewissen hatte er auch gänzlich über=wunden . . .

———————————————

Wollen Sie wissen, weswegen, Sie Wahrheits=fanatiker? Sperren Sie nur Ihre Ohren gut auf, damit Sie den unsagbaren Umfang Ihrer Dummheit einigermaßen übersehen . . . Hören Sie nur auf meine Gründe, auf die Gründe des Wissenden, der die Natur entschleiert hat.

Die Natur zerstört. Gut, sehr gut! Um zu zer=stören, bedient sie sich verschiedener Mittel und zwar erstens der sogenannten Naturgewalten. In diese Kate gorie entfallen ihre Gemüthsblödigkeiten in Form von Blitzen, Stürmen, Wasser= und Windhosen u. s. w., u. s. w.

Zweitens hat sie sich als ein ganz hervorragend wirksames Mordmittel die Bazillen auserkoren, eine prachtvolle und unglaublich schurkische Erfindung . . .

Drittens, nein! kein Drittens! Ich bin kein Klassifikator, ich bin Philosoph, folglich überspringe ich eine niedliche Anzahl von den niedlichsten Mord= und

Marterwerkzeugen, wogegen die krampfhafteste Erfindungssucht der Inquisition zahm und vor Gott wohl
gefällig erscheinen muß, und gehe sogleich zum Menschen
über . . .

Der Mensch! Erlauben Sie nur, daß ich tief
Athem schöpfe, meine trockene Kehle mit Kognak erfrische und ein wenig Nikotin meinem Magen zuführe.

Also der Mensch! Homo sapiens in der Linnéschen Systematik: ein selbstthätiger Apparat, versehen
mit einer Registrirungs= und Kontroluhr in Form
des Gehirnes!

Wunderbar!

Jetzt, bitte, hören Sie nur gut zu. Ich setze mein
Evangelium fort, mein großes Erlösungswerk.

Die Natur hat sich ihrer ewigen, zwecklosen Morde
geschämt. Die Natur ist verlogen und feig, sie wollte
die Schuld für ihre zwecklosen Morde von sich abwälzen
und hat dem Menschen ein Gehirn gegeben.

Wissen Sie, was ein Gehirn ist?

Ein sehr schlechter, ausrangirter, unbrauchbarer
Apparat. Denken Sie sich einen schlecht funktionirenden
Blutwellenschreiber. Er wird das Steigen und Fallen
des Pulses natürlich aufschreiben, aber falsch, ganz
falsch. Man wird nur daraus ersehen, daß ein Senken
und Fallen vorhanden ist, aber nichts weiter. Sehen
Sie, auf diese Weise erfährt auch das Gehirn, daß
etwas in der Seele vorgeht, aber was? darüber erfährt
es nichts. Kurz gesagt, wenn auch der Vergleich hinkt,
und durchaus keinen Anspruch auf Exaktheit erhebt,
das Gehirn wird betrogen und belogen und erfährt

erst später, nachdem es Geschehenes summirt hat, daß es betrogen wurde.

Aber damit ist die raffinirte Grausamkeit noch nicht zu Ende.

Mit dem schlecht funktionirenden Gehirne ist noch ein niedliches Zeug von Gewissen verbunden, Jahr= tausende lang daraufhin dressirt, Qual zu verursachen für die Sünden, die die Natur begeht.

He, he, ein ganz unglaubliches Raffinement . . .

Aber auch damit ist die Sache nicht zu Ende.

Durch einen eigenthümlichen Kniff hat es die Natur dem Tölpel von Menschen eingebläut, daß es ein gewaltiger Vorzug sei, Gehirn und Gewissen zu haben.

Denn was unterscheidet den Menschen vom Thiere?

Der Mensch weiß, was er thut . . .

———  ———  ———  ———  ———  ———

Falk horchte. Wird ihn nicht bald ein Lach= krampf überwältigen?

———  ———  ———  ———  ———  ———

Der Mensch hat das Gehirn bekommen, auf daß er den Gott scilicet die Natur erkenne, ihm für seine Wohlthaten danke . . .

Nein! Ich muß aufhören. Sonst lauf ich wirk= lich Gefahr, Lachkrämpfe zu kriegen.

Potz Tausend! Ist das ein raffinirter Schelmen= streich. Sich für das Gehirn bedanken zu lassen, und noch obendrein für das Gewissen, diesen schönen Mist= haufen, auf dem die Natur ihre Schurkereien abladet.

Nein, nein! Ich bedanke mich für das Gehirn,

das Gewissen und dergleichen Wissensapparate. O, ich will lieber zum Bazillen hinabsteigen. Er zerstört ohne Qual und ohne Gewissensbisse.

Der kluge Herr Professor, der dem Menschen den Uebermenschen beibringen wollte! Nun! der müßte ja schon am zweiten Tage an seinem Ueberfluß von Gehirn und Gewissen zu Grunde gehen!

Falk sah sich thatsächlich auf einer Bühne, das fand er durchaus nicht sonderbar, im Gegentheil: sehr angenehm. Er liebte es, bemerkt zu werden. Er hatte dann die Pose eines bedeutenden Menschen, nein, keine Pose: nur ein ganz natürliches Auftreten von einem bedeutenden Menschen, ganz so wie das Publikum einen bedeutenden Menschen zu sehen wünscht.

Uebrigens, verehrtes Publikum, begeh' ich den Blödsinn, die Natur zu personifiziren, und das ist der erste Schritt zur Bildung eines Gottes. — Er kicherte. Des Gottes, ha, ha, ha, den das liberale, freisinnige Bürgerthum abgeschafft hatte. Das freisinnige Publikum — o Gott, ich ersticke, — der deutsche Freisinn mit zwanzig Plätzen im Reichstag.

Nein! Wie er sich köstlich amüsiren konnte!

Er schrak plötzlich zusammen. Sonst pflegte er sich durch dergleichen Selbstgespräche zu beruhigen, zu vergessen, aber diesmal gelang es ihm nicht. Im Gegentheil: die Unruhe packte ihn von Neuem, überraschend, hinterrücks, mit neuer Heftigkeit.

Aber zum Teufel, was denn? Was wird, was kann denn geschehen?

Er mußte es absolut verhindern. Er durfte nicht

zu Grunde gehen. Noch nicht. Nein, er mußte Czerski
zurückhalten, ihm die ganze Sache ausführlich klar
machen, mit Gründen belegen, mit unbesiegbaren Argu=
menten auseinandersetzen, daß er sich völlig im Irr=
thum befinde, wenn er ihn verantwortlich machen wolle.
Das sei lächerlich. Wolle er die Lüge strafen, so müsse
er auf irgend eine Weise der Natur beizukommen suchen
und sie schädigen . . . Ja, er müsse den dummen
Czerski überzeugen, daß er allerdings als ein wissendes
Werkzeug gehandelt habe, aber durchaus ohne jede Ver=
antwortlichkeit sei, etwa wie ein Bazill oder so etwas
Aehnliches.

Ja, klar machen, überzeugen . . . etwa in folgen=
der Weise:

Falk hustete auf. Er sah sich deutlich Czerski
gegenüber. Sonderbar dies Halluzinatorische seiner Ge=
danken. Das ist natürlich der Anfang vom Ende.
Diagnostisch sehr werthvoll diese ausgeprägten Halluzi=
nationen, die durchaus nicht beunruhigen. Sehen Sie,
lieber Czerski, ich bin jetzt tausendmal ruhiger wie vor
ein paar Stunden . . . Ja, natürlich.

Wieder trank er ein volles Glas.

Sind Sie ungeduldig, Czerski? Nun, wir können
anfangen. Ich beeile mich nicht, weil ich gewisse intime
Dinge berühren muß, an die zu denken, durchaus
kein Vergnügen ist.

Sie runzeln Ihre Stirn. Aber mein Gott, haben
Sie denn gar kein Interesse an psychologischen Ana
lysen? Bedaure, bedaure . . . ich bin ein ganz enra=
girter Seelenforscher . . . He, he, he . . . Ich glaube,

ich habe alle meine Gemeinheiten, wie Sie meine Hand=
lungen zu benennen belieben, aus einer gewissen psy=
chologischen Neugierde begangen, einer Neugierde, die
zum Beispiel den illustren Geist des liberalen Bürger=
thums, Herrn Hippolyt Taine auszeichnete. Sie wissen
ja, der Herr der eine Destille für Tugenden errichten
wollte. Prachtvolle Idee, Tugenden in denselben Massen
zu produziren wie Vitriol. He, he, he . . . So sind
die liberalen Geister! . . O, o, was sie nicht Alles
wissen und können! Aber, bitte, setzen Sie sich, sonst
werden sich Ihre Kniee lösen, wie Homer sagt. Eine
Zigarette gefällig? Vielleicht ein Glas Kognak? Sie
trinken nicht? Ja, natürlich, Sie sind ein Menschen=
freund, und als solcher wandeln Sie auf den höchsten
Menschheitshöhen, verschmähen also die leiblichen Ge=
nüsse. Ha, ha, ha . . . Nun entschuldigen Sie, nehmen
Sie es nur nicht übel. Ich kann nur nicht verstehen,
wie ein Mensch, der Gehirn hat, ohne Alkohol aus=
kommen kann . . . Sie verletzen eine natürliche Kom=
pensationspflicht.

Wieso? Wieso? Aber das ist ja ganz klar.
Der Urmensch, der gehirnlose Mensch, also ein Homo,
der noch nicht sapiens ist, und in Folge dessen seine
Gefühle zu reguliren nicht im Stande ist, unterliegt
spontan gewissen Gefühlsausbrüchen, die man Be=
geisterung, Extase, Suggestibilität u. s. w. nennt. Es
ist ein Prozeß, der gewisse Aehnlichkeit mit sogenannten
pathologischen Vorgängen hat, also einer Manie zum
Beispiel. Etwas ergreift mit furchtbarer Gewalt das
Gehirn, macht blind für alle Gründe, unfähig einer

jeden Berechnung, man wird wie ein Stier, dem eine
Scheuklappe vorgebunden wurde. Aber diese ekstatische
Blindheit giebt eine unerhörte Kraft, die eigentlich unsere Zivilisation geschaffen hat. Sehen Sie, diese fana-
tische, gradlinige Blindheit hat die Massen nach Jeru-
salem getrieben, sie hat die Religionskriege entfacht,
sie hat Bastillen gestürmt, Konstitutionen errungen, sie
hat Barrikaden errichtet und Straflosigkeit den bübischen
Preßpiraten zugesichert . . . Das ist die Begeisterung
der Wuth, die einem Samson die Kraft gab, mit einem
Eselskinnbacken ein ganzes Heer von Philistern in
die Flucht zu schlagen und andererseits den Herrn
Ravachol auf die Idee brachte, fromme Bürgerseelen
in den Abrahamsschoß zu befördern: die Bürger
lieben ja den allmächtigen Herrn, sie sollten sich bei
Ravachol bedanken, daß sie so urplötzlich das Gottes-
antlitz in Freude schauen dürfen . . . Oh, oh   Sie
lachen, Herr Czerski, man hat Sie nicht umsonst anar-
chistischer Liebhabereien verdächtigt.

Diese Begeisterung also ist ein äußerst wichtiger
Faktor in dem Haushalte der Natur, aber wir sind
ihrer nicht mehr fähig. Der nüchterne Verstand des
freisinnigen Bürgerthums hat sie getödtet. Aber wir,
ja wir haben die Verpflichtung, Hüter dieser heiligen
Begeisterung zu werden. Aber wie sie erzeugen, wenn
sie nicht da ist? Natürlich durch Alkohol. Sehen
Sie, Suwarow, der hat es verstanden. Seine Heer-
schaaren bekamen vor jeder Schlacht soviel zu saufen,
wie viel sie nur wollten, deswegen haben sie die
Wunder von Tapferkeit verrichtet . . . das preußische

Kriegsministerium sollte 'mal diesen Umstand in Er-
wägung ziehen.

Ich schwatze, sagen Sie? Das ist sehr dumm
gesagt. Sie sind wohl auch ein so liberales Gehirn, dem die kleinen Dinge lächerlich erscheinen? Aber
wir kamen ja von unserm Hauptthema ab. Also Herr
Taine, nicht wahr? Er hat ganz dieselbe psychologische
Neugierde wie ich . . . Wissen Sie, wie er die Sache
anstellt? Er ist in einer Gesellschaft. Er sieht einen
Menschen, der einen Charakterkopf hat, Charakterkopf
lese ich nämlich zweimal täglich im Berliner Tageblatt.
Das Organ des liberalen Bürgerthums sagt es von
jedem Minister, vorausgesetzt, daß er einem Schaf
ähnlich ist. Sonst heißt es nur, scharfgeschnittenes
Profil, wie aus Marmor gehauen, zuweilen auch
antik u. dgl. Herr Taine sieht das Schafsgesicht. Er
wird augenblicklich zerstreut. Er wandelt herum wie
ein Lunatiker, bis er plötzlich dem betreffenden Charakterkopf auf die Füße tritt. Aber man weiß, daß
es Herr Taine ist, und man ist darüber sehr erfreut.
Herr Taine notirt in sein Notizbuch. Erste Eigen-
schaft: große Sanftmuth. Eigentliches Milieu: Ende
des achtzehnten Jahrhunderts.

Das langweilt Sie, Herr Czerski? Nun ich
wollte Ihnen nur nachweisen, daß meine psychologische
Methode sich wesentlich von der Taineschen unterscheidet.

Ich bin also ein verheiratheter Mensch. Glücklich? Nein! Unglücklich? Nein! Was denn?

Aber wollen Sie denn wirklich nicht ein Glas

Kognak trinken? Es ist gut, wenn man nervös ist. Das dämpft die depressiven Zustände, erhöht die Lebensenergie, macht den ganzen Organismus leistungsfähiger.

Sie wollen nicht? Nun, dann Ihr Wohl.

Falk trank.

Hm, hm . . Wie soll ich nur anfangen?

Er ging auf und ab.

Haben Sie schon jemals über dies furchtbare Räthsel, über den Menschen nachgedacht? Nein, natürlich nicht. Sie sind ein Anarchist, also streng genommen ein Erbe des freisinnigen Gehirns, das den Materialismus und die eudaimonistische Ethik hervorgebracht hat, ja Sie sind der Erbe einer Weltauffassung die . . . Aber kennen Sie diese eine herrliche Stelle aus den Geständnissen des heiligen Augustinus?

Hören Sie nur: „Da gehen die Menschen hin und bewundern hohe Berge und weite Meeresfluthen und mächtig brausende Ströme und den Ozean und den Lauf der Gestirne, vergessen sich aber selbst daneben."

Ja, sehen Sie: das bourgeoise Gehirn hat den Menschen vergessen. Er muß jetzt von Neuem entdeckt werden! Aber um ihn zu entdecken, muß man die lächerliche Ueberschätzung des idiotischen Makrokosmus, die staunenswerthen Errungenschaften der Naturwissenschaften erst verlernen, man muß den kindlichen Sinn wiedergewinnen, der das Furchtbare und Geheimnißvolle, die Untiefe und den Abgrund zu

4*

sehen vermag, nicht nur zu sehen, aber anzustaunen, Angst und Schreck und Verzweiflung vor alledem zu empfinden . . .

Ha, ha, ich Idiot . . . Ja, Sie haben Recht, daß Sie dies überlegene Lächeln aufsetzen. Ja, natürlich. Ihr, Ihr     ja, was seid Ihr eigentlich? Anhänger der materialistischen Weltauffassung, Ihr habt ja natürlich alle Räthsel gelöst . . . Nun, nichts für ungut, ich verstehe sehr gut, daß Ihre weltumfassenden Menschheitsideale Ihnen nicht Zeit lassen, sich in eine solche Bagatelle, wie der Mensch, „liebevoll zu versenken" — der Ausdruck stammt vom Berliner Tageblatt, „Ihre durchgreifende Thatkraft" — der Ausdruck ist von derselben Quelle — erlaubt Ihnen nicht, Ihre Zeit nutzlos zu vergeuden. Ha, ha, ha . . .

Wollen Sie wirklich nicht trinken? Schade, sehr schade, ich kann eigentlich die Menschen nicht leiden, die nicht trinken.

Aber neugierig scheinen Sie zu sein. Sie möchten wohl gerne etwas Persönliches über den geheimnißvollen Herrn Falk erfahren, der Ihnen Geld zu sozialer Agitation, Broschüren und Proklamationen zur Aufreizung einer Klasse gegen die andere geschickt hat. Ha, ha, ha . . . Aufreizung! nicht wahr, so heißt es offiziell . . . Aber ich will gar nicht von mir sprechen, ich will nur über objektive Fragen reden . . . Ha, ha, ha . . .

Sehen Sie: das ist z. B. sehr interessant, wie sich ein Mensch unter dem Einflusse einer Bagatelle verändern kann. Bagatelle, sag' ich Ihnen. Lächerliche Kleinigkeit. Ich war gestern bei Iltis, ich studire ihn nämlich. Er hat sich verheirathet. Seine Frau ist die wunderbarste Frau unter der Sonne. Ganz außerordentliche Frau. Nun, sehen Sie: sie hat wohl unmöglich früher riechen können, daß sie, in zwei Jahren meinetwegen, seine Frau werden sollte. Nicht wahr? So etwas kann man auf die Distanz von großen Zeit= abschnitten nicht riechen. Ja, also damals, als sie Iltis noch nicht riechen konnte, hat sie sich verliebt. Ja, natür= lich. Warum sollte sie sich nicht verlieben? Sie hat sich auch dem Manne hingegeben, den sie liebte. Das ist ja natürlich. Sie nehmen es ihr nicht übel, daß sie nicht erst die staatliche Konzession dazu erwartet hatte. Aber ich will nicht logisch urtheilen, denn sonst würde ich es nur schön finden. Da nun aber das Weib immer in Bezug auf den letzten Mann existirt, und der letzte Mann solche frühere Eingriffe in seine Prio= ritätsrechte nicht schön zu finden pflegt, so — ja, meinetwegen sag ich, daß es von Iltis' Frau nicht schön war, so voreilig zu handeln.

Also: Iltis — nein, ich weiß nicht genau, ob es Iltis ist, nein, mein Kopf ist ein wenig verwirrt, es ist wohl Jemand anderes. Nennen wir ihn Cer tain. Das klingt sogar sehr schön. Ich bin ganz ent zückt über diesen prachtvollen Einfall. Denken Sie nur: Certain! Dieser Certain also verliebt sich in das Weib, das die für züchtige Jungfrauen verbotenen Para diesäpfel bereits gegessen hat, und heirathet sie. Natürlich hat sie ihm Alles gestanden. Aber er! Herrgott, über solche Lappalien wird er als ein moderner Mensch

und das frühere Haupt der wüstesten Bohème sich
doch nicht aufregen. Interessant, nicht wahr? Aber
nachträglich besinnt er sich. In seiner Seele öffnet sich
eine kleine winzige Lücke, die ein seltsames Gefühl von
Unbehagen ausströmt. Certain setzt sich hin, oder
nein! er legt sich auf sein Ruhesopha, verschränkt die
Arme unter seinem Kopfe und grübelt. Es war schon
Einer da, der das Weib besaß. Das ist doch sonder=
bar! Dieselben Schmeichelnamen, die sie ihm sagt, hat
sie schon einem Andern ins Ohr geflüstert, sie lag auch
schon einem Andern um den Hals, ein Anderer hatte
bereits diesen Körper an sich gedrückt . . . Aber zum
Donnerwetter, was ist das? Certain springt ganz er=
schreckt auf. Es kommt ihm vor, als ob die kleine
Lücke eigentlich eine kleine Wunde wäre, die sich ent=
zündete und nun eine unerhörte Qual verursachte.
Aber lächerlich! Certain ist ganz wüthend, daß er sich
über solche natürliche, ja, durch den geheimen Natur=
zweck geheiligte Selbstverständlichkeit aufregen kann . . .
Ja, er legt sich die Sache sonnenklar auseinander und
vergißt sie. Er ist sogar sehr froh, daß er diese
posthumen Forderungen seines sexuellen Organismus
so energisch zurückgewiesen hat. Er reckt sich, trällert
ein Schäferliedchen, ach, wie idyllisch — aber mit den
bösen Mächten — na, Sie kennen doch Ihren Schiller.
Certain wird von Neuem unruhig. Eine gewisse quä=
lende Neugierde überkommt ihn. Er geht zu seiner
Frau, ist unglaublich liebenswürdig, er küßt ihr die
Hände, schäfert mit ihr, redet über dies und jenes,
dann frägt er plötzlich, so en passant. mit der un=

schuldigsten, gleichgiltigsten Miene in der Welt: Du,
wie war eigentlich Dein erster Mann, blond oder
schwarz? Das Wort „Mann" spricht er ohne zu
wissen mit einer sonderbaren Betonung. Es ist Haß,
Wuth, Neugierde, Alles, was Sie nur haben wollen.

Ja, er war schwarz, hatte aber merkwürdiger=
weise blaue Augen.

Certain zuckt unwillkürlich, er ist so gereizt, daß
er nicht weiter darüber sprechen kann. — Er ist ganz
außer sich, er kann ja gar nicht verstehen, was vor
sich geht . . .

Ha, ha, ha, armer Certain; ich will zugeben,
daß er unglaublich lächerlich ist, aber so ist nun ein=
mal der dumme Kerl beschaffen. Er will auch nicht
weiter darüber nachdenken. Nein, er mag nicht. Er
hat die ganze Sache ein paar Tage vergessen. Aber
da plötzlich kommt es wieder, nur heftiger, schmerz=
hafter. Es ist fast wie Lust, sich selbst zu quälen, sich
die Wunde ganz brutal aufreißen zu lassen . . . Ich
will die Frage offen lassen, in welchen physischen und
psychischen Ursachen diese selbstquälerische Neugierde
begründet sein mag, aber sie ist eben da. Er muß
seine Frau ausforschen, natürlich mit dem nöthigen
psychologischen Taktgefühl, nur um sich nicht anmerken
zu lassen, als wäre ihm etwas daran gelegen.

Er fragt also, so beiläufig, nur des psychologischen
Interesses wegen, nach den näheren Umständen. Er
bekommt sie zu wissen, natürlich, warum denn nicht?
Er hat ja so schön und so begeistert zu ihr über freie
Liebesverhältnisse gesprochen. He, he — Sie sind

auch) Beide sogenannte moderne Menschen, die über
dergleichen lächerliche Vorurtheile längst hinausge
kommen sind.

Ob sie ihn geliebt hatte? Sie denkt ein wenig
nach. O ja, sie hat ihn geliebt, sehr geliebt. Certain
zittert und sucht sich zu beherrschen. Die näheren Um
stände? Mein Gott, die sind ja immer dieselben! und
sie lacht. Er lacht natürlich auch. Aber sie solle ihm
ja nur recht umständlich erzählen, es sei so ungemein
interessant, und sie komme ihm dadurch so nah, wenn
er ihr Leben in dem geringsten geheimen Winkel genau
kennen lerne. Sie sträubt sich, aber giebt schließlich
nach . . . Der Schwarze hat sie gebeten, ihm ihre Liebe
zu beweisen . . . merken Sie nur auf, Herr Czerski,
wie ich nun Alles umschreiben werde . . . sie selbst
habe es auch verstanden, daß dies — verstehen Sie
dies geheimnißvolle „dies"? — der einzige Beweis der
Liebe sei.

Aus der Gurgel des armen Certain kommt plötz=
lich ein sonderbarer Pfiff, den er durch nachträgliches
Husten eifrig ungeschehen macht.

Er hat sie also gebeten um dies „dies" — sie
sollte sich ja nur recht gut bedenken — denken Sie
nur, was für ein Ausbund von weisem Edelmuth dieser
schwarze Herr sein mußte!

— Du hast natürlich während der ganzen Zeit,
in der Du über dies entscheidungvolle „dies," nachdenken
solltest, nicht ein einziges Mal daran gedacht? Certain
ist nämlich ein Psychologe.

— Nein, ich fühlte nur, daß es so kommen mußte,

ich konnte, ich brauchte nicht darüber zu denken: es war
nothwendig.

— Für Dich oder für ihn? Certain rast nämlich
vor boshafter Wuth. Er hat eine fabelhafte Lust, auf
zubrüllen, daß seine Lungen bersten müßten. Warum,
weiß er nicht.

Sie hat nicht ganz gut verstanden, was er
mit seiner zynischen Frage meinte und sieht ihn mit
großen Augen an. Sie wissen: mit Augen, die eigentlich
nur ein brennendes, mißtrauisches, ein klein wenig ver=
ächtliches Fragezeichen sind.

Certain kommt sofort zu sich. Beinahe hätte er
ihr Mißtrauen geweckt. Er wird nun sehr vorsichtig.

Nun fragt er mit einer gewissen nonchalanten
Bonhomie weiter und erfährt nach und nach so ziemlich
alles Wissenswerthe. Die dynamische Mechanik der
Liebe ist ja fast immer dieselbe, es sind gewisse unver=
brüchliche Momente . . . He, he, he . . .

Aber nun fließt es in dem dummen Certain über.
Er kann nicht weiter hören. Er hat eine maniakalische,
unbezwingbare Lust, das Weib zur Erde zu werfen
und sie mit seinen Fäusten todt zu prügeln.

Thut er es?

Ach wo, wo denken Sie hin, Herr Czerski.
Dazu ist der Certain viel zu wissend. Ha, ha . . .

Ja so, ich habe Sie falsch verstanden. Sie als
Menschheitsfreund fragen natürlich, warum er das
thun wollte.

Warum? Das weiß er nicht.

Das wäre Alles unglaublich lächerlich, wenn es

nicht so fatal wäre. Die kleine winzige Lücke erweitert
sich mit rapider Schnelligkeit. Es ist wie ein Gewächs
mit langen Fortsätzen, die in jede Pore seiner Seele
hineinkriechen, sich in jede Oeffnung mit wachsender
Wuth hineinzwängen und das furchtbare Gift in den
ganzen Organismus verschleppen . . . Ha, ha, ha . . .

Warum ich so häßlich lache? Zum Donnerwetter,
Mensch! ist das nicht zum Lachen?!

Aber so geht es weiter. Die Phantasie ist ein=
mal in Bewegung gesetzt. Sie wird plötzlich so üppig
wie ein Urwald, scharf und giftig wie ein Indianer=
pfeil, erfinderisch wie Edison, grübelnd und ausdauernd
im Denken, wie Sokrates, der bekanntlich die ganze
Nacht vor seinem Zelte stand, ohne zu merken, daß
ein fußtiefer Schnee gefallen war. Glauben Sie nicht,
daß der alte Herr ein wenig posirte? . . . Nun, die
Phantasiethätigkeit des Certain ist ja auch sehr interessant.

Er sucht sich die Beiden vorzustellen. Sie saßen
im Zimmer. Er hat es vorsichtig zugeriegelt. Sie
hat langsam die Haare aufgemacht, dann ihre Taille
aufgeknöpft, er stand inzwischen da, heiß, zitternd und
fraß an ihr mit gierigen Blicken . . .

Niedliche Bilder, was?

Oder, passons d'une autre côté . . . Er sieht
sein Kind an. Es fährt ihm plötzlich durch den Kopf,
durch welches Wunder es verhütet wurde, daß sie nicht
früher mit dem Andern ein Kind bekommen hat. Diese
Frage, und die Möglichkeit, daß sie es eigentlich hätte
bekommen sollen, macht ihn ganz toll.

Oder: er liest eine gleichgiltige Geschichte von zwei

Liebenden . . . He, he, . . . Warum war er nicht der Erste? Und diese Frage macht ihn ganz rasend vor Verzweiflung.

Oder: er bekommt eine ihrer Jugendphotographien zu sehen. War es vorher, oder nachher? Ja, natür= lich vorher. Er sieht die Photographie an, er macht eine schmerzhafte Wissenschaft daraus, er liebt sie da, liebt sie mit einer schmerzhaften Qual, er verehrt sie in einer Agonie von Wuth und Verzweiflung. Warum? Warum? Warum hat sie sich nicht so, so rein, so unwissend für ihn erhalten?

Aus Allem, was ich hier Ihnen anführte, werden Sie wohl den genügenden Eindruck bekommen haben von dem seelischen Zustande unseres Certain.

Er verliert das Gleichgewicht. Er versucht noch, das wuchernde Unkraut herauszureißen, die Wurzeln des giftigen Uebels abzuschneiden, aber es ist zu spät. Er wird die Visionen nicht mehr los. In seiner Seele kocht die Wuth, der Haß benimmt ihm den Verstand, er kann sie nicht anrühren, ohne an den Andern zu denken, er kann sie nicht ansehen, ohne an ihn erinnert zu werden. Seine Seele bekommt Runzeln und graue Haare. Und doch schleppt er sich hinter seiner Frau her wie ein kranker Hund. Er kann sie nicht entbehren, er liebt sie tausendmal mehr als früher in dieser Raserei, dieser kochenden Wuth und diesem Haß. Können Sie das verstehen?

Falk schrie.

Können Sie das verstehen? Das ist Wahnsinn! Das ist kein Schmerz, das ist . . . das ist . . .

Er bekam plötzlich Angst vor sich selbst und ein wilder Wuthanfall packte ihn gegen den Menschen, der ihn zwang, dies Alles wieder durchzuleben, die alten Rinden aufzureißen.

Er ging suchend im Zimmer herum mit geballten Fäusten, er war ganz von Sinnen.

Warum ich schreie? Weil ich Herzkrampf habe, Kolik habe ich, Stiche rings herum in der ganzen Brust ... Oh hätt' ich Dich hier, Du verfluchter Satan mit Deiner Wahrheitsforderung, Deinen Heiraths-anträgen ... Ha, ha, ha ... ich Janina heirathen!

Die Kräfte verließen ihn. Er setzte sich ans Fenster. Er trocknete sich den Schweiß von der Stirne, und wurde mit einem Mal ruhig. Er verfiel in ein schweres Brüten. Nun wird er wohl verstehen, wie man dazu kommt, ein Mädchen zu verführen. Selbst-verständlich wird er verstehen. Er saß und saß, wieder-holte unablässig in seinen Gedanken, daß der Czerski es nun endlich verstehen müsse, und wachte wieder auf.

Er war wohl eingeschlafen.

Und wieder sah er auf den Himmel, auf die dunkle, kranke Schwermuth des Himmels und dann fühlte er, wie die Räume sich zu weiten und mit dem Ungestüm eines wilden Gerölls zu fliehen begannen.

Er horchte gespannt auf.

Es war ihm, als ringelten sich die Abgründe der Ewigkeiten in noch tiefere Tiefen, als formte sich die Ruhe zu einem unendlichen Trichter, der Alles ver-schlang und Zeit und Ton und das Schwermuthslicht der Sterne — es war ihm, als wäre er eingehüllt in dunkle, dumpfe Fernen: Alles war verschwunden, nur Eins blieb: der weite, kranke Himmel über ihm.

Und diesen Himmel hatte er mit seinen Augen gezeugt, mit seinen Armen hatte er seine Wölbung über das Erdenall geworfen . . .

Er sprang auf.

Es kam ihm vor, als hätte sich die Thür geöffnet und Jemand wäre hineingekommen.

Nein! Es kam ihm nur so vor.

Und wieder ging er auf und ab.

Furchtbar, furchtbar, daß Einem so etwas die Seele zerstören kann. Warum? Er wurde rasend. Bin ich dazu da, um alle Räthsel zu lösen? Hab' ich nicht genug in meiner Seele gewühlt? Hab' ich nicht mit der größten Peinlichkeit jeden Winkel meiner Seele durchstöbert? Aber kann ich das begreifen, was unter meinem Bewußtsein liegt, was sich jenseits von dem lächerlichen Gehirnleben abspielt? Kann ich das? He? Verstehen Sie nicht, Sie dummer Mensch, daß man unter gewissen Umständen dazu kommen kann, seine Frau zu betrügen? Verstehen Sie nicht, daß es Momente giebt, in denen man ein Weib so intensiv, so unerhört hassen kann, daß man es durch den Umgang mit einem andern Weibe beschmutzen muß aus Wuth, aus Schmerz, aus Raserei, aus einem kranken Rache-bedürfniß? Falk schüttelte sich vor Lachen. Aus Rache, weil das arme Weib fünf Jahre früher, ja, bevor sie mich traf, mich nicht gerochen hat!

Falk lief umher. Die Unruhe wuchs, daß er glaubte, sein Kopf müßte bersten.

Und jetzt, gerade jetzt, wo die Qual sich legte, wo
die Wunde zu vernarben begann, jetzt wird man Isa
von ihm losreißen.

Sie wird natürlich gehen.

Er suchte sich das vorzustellen.

Nein, unmöglich! Er war an sie gefesselt. Sie
war für ihn Alles. Er konnte ohne sie nicht leben.
Er war mit ihr verwachsen, er wurzelte in ihr . . .

Eins wurde ihm klar: Er mußte Czerski los
werden. Aber wie, wie?

Ein Gefühl von verzweifelter Ohnmacht befiel ihn.
Er wurde schlaff und resignirt. Was konnte er machen?
Jetzt mußte Alles über ihn hereinbrechen.

Da plötzlich schoß ihm ein Gedanke durch den
Kopf.

Olga mußte die ganze Sache ordnen. Das war
der einzige Ausweg.

Er wurde froh.

Daß er daran nicht früher gedacht hatte!

Mit fieberhafter Eile schrieb er einen langen Brief,
steckte Papiergeld hinein, siegelte das Kouvert zu, lehnte
sich in den Stuhl zurück und starrte gedankenlos vor
sich hin.

Plötzlich fuhr er auf.

Jetzt haßte er sie wieder.

Ja, sie war daran schuld, daß er so zerrissen, so
elend wurde, daß er jeden Glauben verloren hatte, daß
er kein Ziel und keinen Zweck im Leben sah.

Sie, sie war daran schuld, daß er in seinem Ge=
hirne nur die eine große, kranke Idee hatte, die eine

Wuth, den einen rasenden Haß, daß er nicht der Erste war . . .

Isa, Isa, wenn das nicht geschehen wäre! . . . He, he, he . . . Ja, natürlich, Herr Czerski . . . Natür=lich? Hab' ich gesagt: natürlich!? Nichts ist natürlich, Alles ist ein Räthsel, Alles ist ein Abgrund und Alles eine Qual und ein Blödsinn . . .

Es war doch am Ende besser, daß nun Alles zu Ende ging.

Und die Qual legte sich um sein Herz und schnürte es fest und biß sich hinein mit feinen, langen, spitzen Zähnen . . .

Die Nacht war so schwül und so weit und so dunkel.

Er sank in sich zusammen.

Die Welt geht zu Grunde! Die Welt geht zu Grunde . . .

— Sind Sie krank, Czerski?

Olga war sehr beunruhigt.

Czerski sah sie starr an. Es war, als hätte er
jetzt erst gemerkt, daß sie da war.

— Nein, ich bin nicht krank. Aber was führt
Sie zu mir?

— Wollen Sie eine Agitationsreise unternehmen?

Czerski Gesicht belebte sich plötzlich.

— Daran denk' ich seit drei Tagen.

— Ich habe Geld für Sie und die Anweisung,
daß Sie sofort reisen sollen.

Er wurde mißmuthig.

— Ich will keine Anweisungen haben, ich reise,
wann ich will.

— Das Geld ist Ihnen aber nur unter der Be=
dingung zur Verfügung gestellt, daß Sie sofort reisen
sollen.

— Warum denn sofort?

— Es ist ein großer Büchertransport an der
russischen Grenze, den Sie spätestens in zwei Tagen
nach Rußland schaffen müssen. Drüben wartet man
schon einen Monat darauf.

— Ich will keine Dienstleistungen für irgend eine Partei verrichten. Ich habe mit einer Partei nichts zu thun. Ich bin selbst eine Partei.

Olga sah ihn nachdenklich an.

— Sind Sie wirklich nun ganz und gar ein Anarchist geworden?

— Ich bin weder ein Anarchist noch ein Sozialist, weil ich selbst eine Partei bin.

— Aber Sie haben doch Anschauungen, die von der anarchistischen Partei getheilt werden.

— Das geht mich nichts an, daß gewisse An= schauungen mich zufällig dieser oder jener Partei nahe bringen, aber deswegen will ich gar nicht zugeben, daß mich diese oder jene Partei als ihr Mitglied reklamirt.

Er schwieg nachdenklich.

— Sie wollen also nicht?

— Sind an das Geld noch sonst irgend welche Bedingungen geknüpft?

— Nein.

Er bedachte sich.

— Nun, ich kann meinetwegen den Krempel hin= überschaffen. Aber ich wiederhole, daß ich mich um keine Anweisungen kümmere, daß ich keinen Befehlen gehorchen will, daß ich außerhalb jeder Partei stehe und kein Programm anerkenne.

— Es sind eigenthümliche Eröffnungen, die Sie mir machen, aber ich soll Ihnen das Geld unter allen Umständen ausliefern.

Czerski sah sie mißtrauisch an.

— Sagen Sie, Fräulein, das Geld hat Falk geschickt?

— Woher wissen Sie es?

— Ich habe ihn gestern gesprochen.

— Sie haben ihn gesprochen?

— Ja.

Er dachte lange nach.

— Falk liebt seine Frau wohl sehr?

— Ja.

— Wie kann es nur kommen, daß er gleichzeitig eine Maitresse hat? Ich habe mir darüber die ganze Nacht den Kopf zerbrochen.

Olga sah ihn ein wenig erschrocken an. Sollte sein Verstand wirklich gelitten haben?

— Eine Maitresse sagen Sie? Das ist doch wohl nicht möglich.

— Ja, eine Maitresse . . . Meine frühere Verlobte.

— Fräulein Kruk?

— Ja. Er hat mit ihr einen Sohn. Sie ist gerade vom Wochenbett aufgestanden.

Olga wurde sehr verwirrt. Sie sah ihn erschrocken an, merkte dann plötzlich ihre Erregung, suchte sie zu verbergen, ihre Hände zitterten und sie fühlte, wie ihr das ganze Blut zum Herzen floß.

Czerski schien nichts zu bemerken. Er ging auf und ab und grübelte.

— Nun, das überwindet man, sagte er endlich. Das ist ein Schmerz, ein großer Schmerz, aber man überwindet es. Anfangs, als sie ihre Besuche im Ge=

fängniß einstellte, hab' ich sehr gelitten . . . Ja, sehr gelitten, wiederholte er nachdenklich . . . Aber ich habe es überwunden. Es ist auch gut so. Es steht jetzt nichts mehr zwischen mir und der Idee . . .

Er schwieg eine Weile.

— Als ich vor drei Tagen freigelassen wurde, da überkam es mich wieder. Gestern packte mich plötzlich eine Raserei gegen Falk, ich wollte ihn beleidigen und beschimpfen, aber da bekam ich mit einem Ruck die Angst, daß etwas zwischen mich und die Idee treten könnte, und ich habe es wieder überwunden. Es ist gut so, sehr gut . . .

Falk will mich wohl los werden . . . Er sollte wirklich keine Angst vor mir haben. Beruhigen Sie ihn, wenn Sie ihn treffen . . .

Er richtete plötzlich seine Augen scharf auf Olga.

— Glauben Sie, daß Falk das Geld geschickt hat, um mich los zu werden?

— Wann haben Sie ihn gesprochen?

— Gestern.

— Na, dann glaub' ich es gar nicht. Er wartete übrigens nur darauf, daß Sie freigelassen werden. Er schätzt Sie ungemein.

— Er ist aber ein Schurke. Ja, er ist ein Schurke.

— Nein, das ist er nicht. Er ist es ebenso wenig, wie Sie. Olga sprach kalt und abwehrend.

Czerski sah sie eine Weile aufmerksam an, antwortete aber nichts.

Er ging wieder nachdenklich auf und ab.

5*

— Die gefälschte Bulle vom Papst Pius für die Agitation auf dem Lande hat Fall geschrieben? fragte er plötzlich.

— Ja.

— Sehr gut gemacht. Sehr gut, aber ich glaube nicht, daß es ihm Ernst ist. Er spielt mit der Idee. Er experimentirt. Er will wohl ästhetische Sensationen haben?

Olga schwieg.

— Nicht wahr? Sie kennen ihn doch sehr gut... Sehen Sie, Sie antworten nicht, Sie schweigen... He, he... er sucht die Gefahr, ich kann mir denken, daß er mit Freuden in's Gefängniß wandern würde, nicht weil er an die Sache glaubte, sondern weil er darin eine Sühne für seine Sünden zu finden gedächte.

Czerski belebte sich immer mehr.

— Ich habe Briefe früher von ihm bekommen, viele Briefe. O, er ist scharf und geschickt. Er hat Haß und viel, vielleicht sehr viel Liebe, ich habe ihn verehrt, aber ich sehe jetzt, daß das Alles nur Ver= zweiflung ist. Er will sich retten, er sucht krampfhaft nach Rettung, aber er kann an nichts glauben... Ja, er ist sehr geschickt, ich wollte ihn gestern beleidigen, ich zwang mich, ihn zu beleidigen, aber er ist geschickt und boshaft. Ja, boshaft...

Czerski brach plötzlich ab.

— Wollen Sie Thee haben?

— Gerne.

Er bereitete nachdenklich den Thee.

— Haben Sie Fräulein Kruk in den letzten Tagen gesprochen?

— Ja. Gleich als ich aus dem Gefängniß kam, ging ich zu ihr . . . Sie weiß nicht, daß er verheirathet ist.

— Nicht? Olga fuhr erschrocken auf.

— Nein! Er hat gelogen. Sein ganzes Leben ist nur eine Kette von Lügen . . .

Olga kam in eine große Unruhe. Es wurde ihr schwer, länger bei Czerski zu bleiben, sie stand auf.

— Ich kann doch nicht auf den Thee warten.

— Oh, bleiben Sie ein wenig. Ich war anderthalb Jahre allein. Es ist mir so lieb, einen Menschen um mich zu wissen.

Er sah sie bittend an.

Olga faßte sich und setzte sich wieder hin.

— Sie sind sehr betrübt, Fräulein . . . Ja, wir haben Alle etwas Anderes von ihm erwartet . . . Hm; eigentlich ist es sehr gut, daß er das Geld schickte. Wie viel ist es denn?

— Fünfhundert Mark.

— Das ist viel, sehr viel. Damit kann man viel ausrichten . . .

Sie schwiegen eine Weile.

— Ist es wahr, was Kunicki behauptet, daß Sie zusammen mit Stephan Kruk die Stadtkasse hier in der Nähe erbrochen haben?

— Vollkommen wahr.

— Sie approbiren also die anarchistische Praxis?

— Wenn es die Idee erfordert, sind alle Mittel

heilig. Das ist durchaus keine anarchistische Erfindung.
Uebrigens haben wir das Geld nicht gestohlen, sondern
rechtmäßig an uns gebracht. Und das ist ein großer
Unterschied. Wir haben im vollen Bewußtsein der
Rechtmäßigkeit unserer That gehandelt.

— Sie sagen also, daß man stehlen darf, sobald
es die Idee erfordert?

— Nicht stehlen, nein: das hab' ich nicht gesagt.
Sie kommen da auf den juridischen Begriff des Ver=
brechens. Aber sobald ich sage, ich thue recht, und so=
bald ich den Glauben und die heilige Ueberzeugung
habe, daß ich recht thue, verstehen Sie, einen Glauben,
der auch nicht den geringsten Zweifel zuläßt, dann ist
der Diebstahl eben kein Diebstahl, kein Verbrechen mehr.

— Sie meinen, daß das einzige Kriterium des
Verbrechens das böse Gewissen sei?

— Ja.

— Sie werfen aber dem Staate Verbrechen vor.
Glauben Sie nicht, daß der Staat Alles, was er thut,
mit gutem Gewissen thut? Glauben Sie nicht, daß er
sich berechtigt fühlt, den Arbeiterstand der Ausbeutung
des Kapitalismus preiszugeben? Folglich ist der Staat
kein Verbrecher, weil das Kriterium des bösen Ge=
wissens fehlt.

— Subjektiv ist der Staat kein Verbrecher, vor=
ausgesetzt, daß er von der Rechtmäßigkeit seiner Hand=
lung überzeugt ist, woran ich nicht glaube, aber er
wird es objektiv, weil die Folgen seiner Handlungen
verbrecherisch sind.

— Aber wenn die Motive gut sind, so kann ja

der Staat für den Schaden nicht verantwortlich gemacht werden.

— Deswegen muß er beseitigt werden, ganz so, wie man Irrsinnige beseitigt, die, ohne es zu wissen, Verbrechen begehen.

— Ueber das Verbrechen entscheiden nur die schädlichen Folgen?

— Ja.

— Aber gesetzt, daß Sie um der Idee willen eine Fabrik in die Luft sprengen und dadurch Hunderte von Familien in's Unglück stürzen, dann begehen Sie doch ein Verbrechen, weil die Folgen verbrecherisch sind.

— Nein! Denn dadurch bringe ich meine Idee ihrer Verwirklichung näher und ich bringe Millionen das Glück. Als Christus seine Lehre ausbreitete, wußte er sehr gut, daß Tausende von seinen Anhängern würden geopfert werden, er hat sie also dem sicheren Verderben preisgegeben, um Millionen das Heil zu bringen.

— Sie glauben an Gott? fragte Olga zerstreut.

Czerski kam plötzlich in eine große Aufregung.

— Ich glaube an Jesus Christus, den Gottmenschen . . . Aber unterbrechen Sie mich nicht. Ich habe das Recht dazu, die Natur hat es mich gelehrt. Was entscheidet über das Angenehme eines Gefühls? Doch nicht, daß es an sich angenehm ist. Die Gewöhnung an das Opium ist Anfangs sehr schmerzhaft, wird erst in der Länge zum Genuß. Ueber das endgiltige Wesen des Gefühls entscheidet also nur die Dauer desselben. Es ist selbstverständlich, daß die

ersten Folgen einer Fabriksprengung unangenehm sind,
aber . . .

— Sie werden also vor keinem Verbrechen zurück
schrecken?

Nein, kein Verbrechen, er unterbrach sie eifrig,
ich werde vor keiner Handlung zurückschrecken, die meiner
Idee den Sieg garantirt.

— Und wenn Ihre Idee falsch ist?

— Sie ist nicht falsch, denn sie ist auf der ein=
zigen Wahrheit aufgebaut, die wir haben: der Liebe.

— Aber wenn Ihre Mittel falsch sind?

— Sie können nicht falsch sein, denn ihre Motive
sind die Liebe. Uebrigens will ich gar nicht zu diesen
Mitteln greifen, selbst dann nicht, wenn ich es für
nöthig halten sollte. Ich habe kein Programm, wie
die Anarchisten. Ich will keine Gewaltthat begehen,
um nicht einer Partei, welche die Gewaltthat in ihrem
Programm hat, zugezählt zu werden.

— Aus Eitelkeit?

— Nein; aus Vorsicht, nur aus Vorsicht, daß
nicht die Anarchisten, also eine Partei, das Recht zu
bekommen glauben, meine That als die Folge ihres
Programms aufzufassen.

— Sie sind ehrgeizig.

— Nein! Aber ich bin nur in meiner That.
Ich habe ein Recht, und das ist: zu sein. Und mein
Sein ist meine That. Ja, ich habe einen Ehrgeiz,
wenn Sie es wollen: zu sein, durch meine That zu
sein. Ich bin nicht, sobald ich fremde Befehle
ausführe.

— Das sind alte Gedanken, lieber Czerski.

Ich weiß nicht, ob sie alt sind, ich habe sie im Gefängniß bekommen und so sind sie meine eigenen. Ich habe sie mit großer Mühe ausgedacht. Ich war nicht gewohnt zu denken, so lange ich in der Partei war. Jetzt hab' ich mich von Allem losgelöst, um allein zu sein und meine That mit eigenen Gedanken zu bestimmen.

— Und wenn Sie das Geld von Falk nicht bekommen hätten, hätten Sie es sich genommen?

— Ja.

— Und was wollen Sie jetzt thun?

— Ich will die Menschen lehren, sich aufzuopfern. Olga sah ihn fragend an.

— Sich aufopfern können: das ist die erste Bedingung jeder That. Ich werde die Begeisterung des Opfers lehren.

— Aber um sich zu opfern, muß man erst an den Opferzweck glauben.

— Nein! Nicht aus dem Glauben entspringt das Opfer, sondern aus der Begeisterung. Das ist es eben. Sehen Sie, alle bisherigen Parteien haben Glauben, aber keine Begeisterung. Nein, sie haben keinen Glauben, sie haben nur Dogmen. Die Sozialdemokratie ist in dem dogmatischen Glauben erstorben. Die Sozialdemokratie ist das, was jede Religionsgenossenschaft ist: sie ist gläubig ohne Begeisterung. Giebt es einen Menschen, der für seinen Gott in's Feuer ginge? Nein! Giebt es einen Sozialdemokraten, der sich wegen seiner Idee in's Verderben rückhaltlos, ohne Bedenken, stürzte?

Nein! Sie Alle haben die ruhige, behäbige Gewißheit des Glaubens; ihre Dogmen sind eherne Wahrheiten, um derenwillen man, weiß Gott, sich nicht aufzuregen braucht. Ich will aber den feurigen, glühenden Glauben schaffen, einen Glauben, der kein Glaube mehr ist, weil er keinen Zweck hat, einen Glauben, der in der Begeisterung des Opfers sich aufgelöst hat.

Er kam plötzlich in einen ekstatischen Zustand. Seine Augen glänzten und sein Gesicht verklärte sich eigenthümlich.

— Sie spekuliren also auf den Fanatismus des Hasses bei der Masse.

— Fanatismus der Liebe, sagte er strahlend, Fanatismus der Liebe zu der Unendlichkeit des Menschengeschlechtes, der Liebe zu der Ewigkeit des Lebens, der Liebe zu dem Gedanken, daß ich und die Menschheit eins, untrennbar eins sind . . .

Er variirte den Gedanken in den verschiedensten Ausdrücken.

— Ich werde nicht sagen: Opfert Euch, damit Ihr und Eure Kinder glücklich werden, ich werde das Glück des Opfers an sich wieder neu lehren. Die Menschheit hat eine unerschöpfliche Fähigkeit, sich zu opfern, aber das hat die fette Kirche und der fette Sozialismus zerstört. Die Menschheit hat das Glück des Opfers vergessen in dem fetten, ekelhaften Dogmenglauben. Das letzte Mal hat sie es in den großen Revolutionen gekostet, in der Kommune, — zwecklos, nur aus Liebe zum Opfer, um das unendliche Glück der zwecklosen Selbstlosigkeit noch einmal zu genießen . . . Und ich werde dies Glück wieder in Erinnerung bringen durch meine That . . .

Er stutzte plötzlich und sah Olga mißtrauisch an.

— Sie glauben wohl, ich bin ein irrsinniger Phantast?

— Es ist schön, sehr schön, was Sie da sagten, — ich verstehe Sie, sagte sie nachdenklich.

Er schwieg lange.

— Ja, Sie haben Recht, daß das alte Gedanken sind, sagte er plötzlich. Sie berühren sich vielfach mit dem, was Falk auf dem Kongreß in Paris ausgesprochen hat. Ich hätte ihm damals die Hand küssen mögen . . .

Er wurde mit einem Mal sehr unruhig.

— Aber es wurde ihm nicht zur Lebenssache. Sein Gehirn hat es ausgeklügelt. Sein Herz hat kein Feuer gefangen . . . Nein, nein — wie ist es nur möglich, solche Gedanken zu haben und nicht vor Scham zu vergehen, daß man das Alles kalt und ruhig sagen kann . . . Sehen Sie, das ist die Schamlosigkeit seines Gehirnes, daß es dabei nicht zu erschauern vermag. Sein Gehirn ist schamlos . . . Er ist ein — ein böser Mensch. Er ist nicht rein genug für seine Ideen. Man muß Christus sein, ja, Jesus Christus, der Gott der Menschen, die heilige Quelle der Opferfreudigkeit.

— Sie haben sich sehr verändert, Czerski. Ich habe Sie übrigens nicht gekannt. Kunicki hat Sie verleumdet. Ich will viel darüber denken, was Sie gesagt haben . . .

Olga stand auf und sah ihn scheu an.

Ueber seinem Gesichte lag ein verklärter Glanz. Nie hatte sie etwas Aehnliches gesehen.

— Schonen Sie sich, Ezersli. Sie sehen sehr krank aus.

— Nein, ich bin nicht krank. Ich bin glücklich. Er dachte lange nach.

— Ja, ja, sagte er plötzlich, gestern noch war ich ein kleiner Mensch. Aber jetzt ist es vorbei, es ist vorüber . . .

# IV.

Falk hörte mit nervöser Unruhe Olga zu.

Sie erzählte ihm trocken, beinahe geschäftsmäßig von ihrem Besuch bei Czerski.

— Czerski ist ein Phantast, sagte er endlich. In seinem Kopfe wirbelt Alles durcheinander. Ich glaube, er will gar Fourier'sche Phalansterien errichten . . . He, he, he . . . Bakunin hat ihm ganz und gar den Kopf verdreht . . .

— Ich glaube nicht, daß er ein Utopist ist, sprach Olga trocken und kalt. — Sein Ideengang ist ein wenig konfus, aber originell, und, wie ich denke, nicht ohne Aussicht auf Erfolg.

Falk sah sie von der Seite an.

— So, so . . . Glaubst Du das wirklich? Meinet= wegen . . . Mir ist es ja außerordentlich sympathisch, daß er mit dem bürgerlichen Gesetzbuche kollidirt . . . Aber sag' 'mal, was ist denn zwischen ihm und Kunicki?

— Kunicki hat vor zwei Jahren in Zürich einen Russen im Duell erschossen.

— Im Duell?

Ja. Sonderbar genug. Daraufhin hat Czerski ihn in einer Versammlung geohrfeigt.

— Warum denn?

— Czerski sagte, er ohrfeige nicht Kunicki, sondern seinen Verstoß gegen das oberste Prinzip der Partei.

Falk lachte höhnisch.

— Wunderbar! Und was hat Kunicki gesagt?

— Was sollte er thun? Er konnte doch Czerski nicht ermorden.

— Sonderbarer Fanatiker! Aber jetzt will er nichts mehr von der Partei wissen?

— Nein.

Falk sann lange nach.

— Meine That ist mein Sein — nicht wahr? so hat er gesagt. Hm, hm . . .

Olga sah ihn forschend an.

— Du, Falk, sag' 'mal, ist es Dir wirklich ernst mit unserer Sache?

— Warum fragst Du danach?

— Weil ich es wissen will.

Olga schien ungewöhnlich gereizt und erregt zu sein.

— Weil Du es wissen willst? Nun, meinetwegen. Ich meine gar nichts mit Eurer Sache. Was hab' ich mit einer Sache zu thun? Menschheit?! Wer ist Menschheit, was ist Menschheit? Ich weiß nur, wer Du bist und meine Frau, und mein Freund, und noch einer, aber Menschheit, Menschheit: das kenn' ich nicht. Damit hab' ich nie etwas zu thun gehabt.

— Was meinst Du denn damit, daß Du fast alle Proklamationen und Flugschriften selbst geschrieben

hast, daß Du Dein Geld für die Agitation giebst,
daß Du . . .

Er unterbrach sie heftig.

— Aber das thu' ich doch nicht der Menschheit
wegen. O, wie Du naiv bist . . . Verstehst Du nicht,
daß es mir ein wahnsinniges Vergnügen macht, den
Menschen da unten ein bischen die Augen aufzumachen?
Ist das nicht ein unerhörtes Vergnügen, zu beob-
achten, wie der arme Lohnsklave plötzlich sehend wird?
. . . Nun, Dir brauch' ich wohl nicht aufzuzählen,
was Alles der arme Sklave da unten zu wissen bekommt . . . He, he, he . . . Ist das nicht herrlich anzusehen, wie sich so ein Sklave unter dem Einfluß von
so viel Licht entwickelt? Und dies göttliche Schauspiel,
wie die Herrschenden vor Wuth und Angst den Himmel
um Rache anschreien und Umsturzgesetze machen! . . .
Ha, ha, ha . . . Sieh' 'mal hier — hier hab' ich eine
wunderbare Liste von den enormen Verlusten, welche
die Gruben bei dem letzten Streik gehabt haben. Ich
habe mein ganzes Vermögen, oder besser, das Vermögen
meiner Frau ruinirt bei diesem Streik, aber dafür diese
unerhörte Satisfaktion! Die Theodosius-Grube
hatte Bankerott gemacht, die Etruria kann sich kaum
mehr halten . . . ich kenne ihn, den Besitzer, er ist ganz
grau geworden vor Sorgen, dieser ekelhafte Arbeitskraft-
Wucherer . . . He, he . . . Nie hab' ich ein so intensives
Gefühl der Befriedigung gehabt, als wie ich ihn da sitzen
sah . . . Ich habe ihn ruinirt, nicht, weil er mich etwas
angeht oder weil ich an Euere Sache glaube, nur,
lediglich nur aus persönlichem Interesse an diesem

grandiosen Schauspiel . . . He, he, der arme Kerl schrie
nach Militär, er wollte alle Arbeiter wie Hunde nieder
schießen lassen, er drohte, daß er die Regierung stürzen
würde, oh, das war unendlich großartig anzusehen
Und um dies zu sehen, sollt' ich nicht den letzten
Pfennig geben?

Er wurde ganz heiser vor Aufregung.

Olga sah ihn lange, lange an und lächelte
schmerzhaft.

— Wie Du Dich belügst! Denn mich willst Du
doch nicht belügen?

Er blieb erstaunt stehen, lachte plötzlich auf, blieb
aber mit einem Male sehr ernst.

— Du glaubst also an edlere Motive bei mir?
Sie antwortete nicht.

— Glaubst Du das? fragte er heftig.
Aber sie schwieg.

— Du mußt es mir sagen! Er stampfte mit dem
Fuß, beherrschte sich aber augenblicklich.

— Nein, ich glaube nicht, sagte sie endlich ruhig,
daß Du in einer so kleinlichen, boshaften Rache Genug-
thuung finden solltest. Du lügst vollkommen zwecklos.
Ich weiß sehr gut, daß Du das Geld zum Streik gabst,
weil das Konsortium fünfundzwanzig Prozent Dividende
austheilte und gleichzeitig unter den Grubenarbeitern
der Hungertyphus ausgebrochen war.

— Das waren sekundäre Gründe.

— Nein, nein, das ist nicht wahr. Du findest
seit einiger Zeit ein Vergnügen darin, Dich selbst zu
verleumden und schlecht zu machen: Czerski sagte sehr

gut, daß Du mit Freude ins Gefängniß gehen wür=
dest, wenn Du nur darin eine Sühne für Deine
Sünden finden könntest.

— Ha, ha, ha ... Ihr seid ja ganz ungewöhnlich
scharfsinnige Psychologen. Er lachte mit einem ge=
zwungenen häßlichen Lachen.

— Du glaubst also an hochherzige Motive bei
mir? Ha, ha, ha ... Weißt Du, weswegen ich
Czerski das Geld geschickt habe?

Er stutzte plötzlich.

Sie sah ihn bleich und verwirrt an.

— Du lügst!

— Weißt Du, weswegen?

Sie wurde ungewöhnlich erregt und sprang auf.

— Sag', daß Du lügst!

Falk setzte sich hin und starrte sie an.

— Ist es wahr? fragte sie heiser.

Sie beugte sich über ihn nieder und sah ihn un=
verwandt mit weit aufgerissenen Augen an.

— Wolltest Du ihn wirklich los werden?

— Nein! schrie er plötzlich auf.

— Du bist nicht feig.

— Nein!

Sie athmete tief auf und setzte sich wieder hin.

Sie schwiegen lange.

— Was willst Du nun mit Janina machen?

Falk wurde sehr blaß und sah sie er=
schrocken an.

— Hat Czerski Dir das auch erzählt?

Ja.

Er ließ den Kopf sinken und starrte auf den
Boden.

— Ich werde das Kind adoptiren, sagte er nach
langer Pause.

— Es ist furchtbar, was Du für einen Dämon
in Dir hast. Warum mußt Du Dich und Andere
unglücklich machen? Warum? Du bist ein sehr un=
glücklicher Mensch, Falk.

— Meinst Du es?

Er warf es zerstreut hin, ging ein paar Mal auf
und ab und blieb vor ihr stehen.

— Hast Du auch nicht eine Sekunde geglaubt,
daß ich Czerski aus Feigheit los werden wollte?

— Nein!

Er faßte ihre Hand und küßte sie.

— Ich danke Dir, sagte er trocken.

Er fing wieder an auf= und abzugehen. Es ent=
stand eine lange Pause.

— Wann wird Czerski fahren?

— Heute Nacht.

Er blieb vor ihr stehen.

— Ich glaube an Deine Liebe, sagte er langsam.
Ich liebe Deine Liebe. Du bist das einzige Wesen, in
dessen Gegenwart ich gut bin . . .

Sie stand verwirrt auf.

— Sprich nicht davon, warum denn darüber
sprechen? . . . Dir stehen jetzt schlimme Dinge be=
vor . . Wenn Du mich nöthig hast . . .

— Ja, ja, ich komme zu Dir, wenn das Gewitter
vorüber ist.

— Komm', wenn nichts Anderes für Dich bleibt.

— Ja.

Sie ging.

Plötzlich lief Falk ihr nach.

— Wo wohnt Czerski?

Sie gab ihm die Adresse.

— Willst Du zu ihm gehen?

— Ja.

# VII.

Als es Abend wurde, setzte sich Falk in eine Droschke und fuhr zu Czerski.

Er war nicht ganz wohl. Er fühlte Fieber und hatte Angst, daß es wieder ein Fieberanfall sei, der ihn manchmal befiel und der längere Zeit andauern konnte.

Diese periodischen Fieberanfälle waren wohl die Ueberbleibsel einer überstandenen Pleuritis oder irgend einer Krankheit . . . Er dachte nach über alle Krankheiten, die er gehabt hatte. Jedenfalls wohl eine Lungenaffektion. Die verschiedensten Fiebertheorien gingen ihm durch das Gehirn, aber seine Aufmerksamkeit war ungewöhnlich zerstreut und er konnte bei keiner einzigen verbleiben. Das Schlimme war nur, daß er bei jedem solchen Anfall irgend eine Dummheit anrichtete, — doch darum handelte es sich ja jetzt nicht.

Die Hauptsache, die große Hauptsache war es, daß er jetzt zu Czerski mußte, um ihm ganz offen seine Feigheit einzugestehen. Das war er sich selbst und Allen, die noch an ihn glaubten, schuldig.

Die Fahrt wollte kein Ende nehmen. Seine Gedanken stoben auseinander. Er wiederholte einzelne sinnlose Sätze. Und sonderbar, je sinnloser ein Satz war, desto öfter mußte er ihn wiederholen.

Er sah auf die Uhr. Es war schon acht, also hatte er Zeit, Czerski wird wohl nicht vor Mitternacht fahren.

Schließlich kam er vor das Haus an, wo Czerski wohnte.

Er blieb rathlos stehen. Auf welcher Etage wohnte er denn eigentlich? — Natürlich auf der obersten. Das ist ja klar.

Er ging in den Hausflur hinein: es war stock=finster. Er tappte sich vorsichtig vorwärts, und er=schrak heftig: er stieß auf einen Menschen.

— Verzeihung!

— Thut nichts. Der Unbekannte wurde plötzlich wüthend. Es sei eine unverzeihliche Nachlässigkeit vom Wirthe, kein Licht anzuzünden. Er werde ihn sofort anzeigen.

Falk kam die Stimme sehr unangenehm vor; er wollte ihn eigentlich fragen, ob er nicht wüßte, wo Czerski wohnte, aber er besann sich, daß er wohl einen Spitzel vor sich habe.

— Können Sie mir nicht sagen, ob hier ein Herr Geißler wohnt? fragte er plötzlich.

— Wie heißt der Mann?

— Herr Geißler.

— Nein, ich weiß nicht.

Nun ging Falk die Treppen lärmend hinauf, und klingelte auf der zweiten Etage, fragte wieder sehr laut nach dem Herrn Geißler, worauf zur Antwort die Thür wüthend zugeworfen wurde.

Falk lächelte zufrieden. Er ging nun leise auf den Zehen die übrigen Treppen hinauf. Er war ungemein vergnügt über seinen Einfall. Der Spitzel da unten glaubte natürlich, daß er Herrn Geißler auf der zweiten Etage gefunden hatte.

Wo nun, rechts oder links?

Er klopfte auf's Geradewohl.

— Herein.

Falk machte die Thür auf und trat ein. Er sah Czerski auf dem Sopha sitzen.

Sonderbar, daß Czerski gar nicht erstaunt war, er schien nicht einmal die geringste Notiz von seiner Anwesenheit zu nehmen. Er warf nur Falk einen gleichgiltigen Blick zu und starrte wieder vor sich hin.

Falk sagte kein Wort, setzte sich Czerski gegenüber auf einen Stuhl und fing an ihn mit großer Aufmerksamkeit zu betrachten.

Czerski schien ganz stumpf zu sein. Ja, er sah furchtbar aus. Seine Augen waren glanzlos und tief eingefallen.

Plötzlich fiel es Falk ein, daß er noch kein Wort gesagt habe. Er war selbst überrascht.

— Guten Abend, Czerski.

Czerski sah ihn an mit einer ungewöhnlichen Ruhe. Falk wurde unheimlich berührt.

— Was wünschen Sie, Herr Falk?

— Ich? Ich wünsche eigentlich gar nichts. Ich will auch gleich gehen, sofort . . . Ich weiß auch

nicht, weshalb ich hergekommen bin . . . Er ver=
wirrte sich immer mehr, aber plötzlich kam er zur Be=
sinnung.

— Ja, richtig, ich bin gekommen, um Ihnen zu
sagen, das heißt, klar zu machen, daß ich das Geld
geschickt habe, um Sie loszuwerden. Ich bereue das
jetzt . . . ich will nicht mehr in der Lüge leben, ich
brauche sie auch nicht mehr . . . Was wollt' ich doch
sagen? . . . Ja! Sie sollen nämlich gar nicht fahren.
Sie haben vollkommen Recht, daß Sie die Lüge ab=
schaffen und bestrafen wollen. Ich werde Ihnen außer=
ordentlich verpflichtet sein, wenn Sie jetzt zu meiner
Frau gehen und ihr Alles sagen. Ich selbst kann es
nicht. Ich bin es nicht im Stande. Ich kann nicht
die Qual ertragen . . . Sie wissen nicht, wie ich gegen
die Qual empfindlich bin; schon als Kind . . . Mein
Vater hat einmal meinen Hund todtgeschossen, und im
Todeskampfe sah mich der Hund an . . . seit dieser
Zeit kann ich keine Qual sehen . . . Es ist auch mein
Prinzip, meine Finger nicht in das Rad des Schick=
sals einzustecken. Und es scheint nöthig zu sein, daß
ein Anderer es meiner Frau sagt . . . Ich will nicht
vorgreifen . . .

— Sie sind zu feig dazu.

— Ja, Sie haben vollkommen Recht, ich bin feig,
sehr feig, und ich will meine Feigheit mit dem Glauben
an die Determination bemänteln. Ich glaube aber an
keine Determination, weil ich an nichts glaube . . . Es
ist ganz seltsam, wie feig ich bin und — ja . . . . es
thut mir unendlich leid, daß ich Ihnen diesen Schmerz

bereitet habe . . . Ich habe schon gestern gesehen, wie
ungewöhnlich schlecht Sie aussehen . . .

Falk merkte plötzlich zu seinem Schrecken, daß sein
Fieber große Fortschritte machte. Aber er faßte sich.
Es war ihm, als wäre ein weiter Nebelstreifen von
seinem Gehirn geschwunden.

Czerski sah ihn aufmerksam an.

— Sie haben Fieber, Falk. Sie sollten nach
Hause gehen.

Falk wurde gereizt.

— Woher wissen Sie, ob ich nicht zufällig eine
Komödie spiele? Das verstehe ich nämlich ganz ausgezeichnet. Können Sie sicher sein, ob ich nicht zufällig durch verwirrte Redensarten Ihre Aufmerksamkeit
auf meinen seelischen Zustand im Allgemeinen richten
will? also — he, he — auf indirektem Wege einen
Beweis liefern will, daß ich zu Zeiten unzurechnungs-
fähig bin und für meine Handlung nicht so ganz und
gar verantwortlich gemacht werden kann... He, he, he...

Czerski antwortete nicht.

Falk kam in Wuth.

— Sie scheinen nichts zu hören. Sie hören ab-
sichtlich nicht . . . He, he . . . Sie wollen mich beleidigen. Sie wollten mich auch gestern beleidigen, das
hab' ich verstanden. Sie haben sich da einen plumpen
Befehl ausgedacht, um mich wüthend zu machen . . .
Ich verstehe Sie ausgezeichnet: Sie haben noch ein
wenig Achtung vor dem Falk, der so viel für die Sache
gethan hat . . . Es war auch viel Selbstüberwindung
in dem, was Sie sagten . . . Nicht wahr? Sie mußten

doch etwas in sich überwinden, bevor Sie mir zurufen konnten: Ich befehle Ihnen — oder: Sie sind ein Schurke. Sagen Sie mir offen, haben Sie nicht mit sich selbst kämpfen müssen, bevor Sie so etwas zu mir sagten?

Czerski sah ihn mit einer eigenthümlichen Ruhe an und sagte dann fast feierlich:

— Ja.

Falk wurde erstaunt.

— Sagten Sie ja? Haben Sie das gesagt? Ich erwartete es nicht . . . Aber verstehen Sie nicht, was ich sage? Ich habe Ihnen das Geld geschickt unter der Bedingung, daß Sie sofort reisen sollen. Ich wußte, daß Sie eine solche Bedingung ohne weiteres erfüllen würden, weil für Sie die Sache über jeder persönlichen Frage steht . . . Ich habe auch heute früh meine Frau weggeschickt, um Sie zu verhindern, ihr Ihre Entdeckung mitzutheilen . . .

Czerski lächelte plötzlich.

— Aber ich wollte ja gar nicht zu Ihrer Frau gehen.

— Wollten Sie es nicht? Wirklich nicht?

Falk grübelte.

— Ich dachte, daß Sie es thun würden. Ich habe gehört, daß Sie ungemein rachsüchtig und rücksichtslos sind. Ich glaubte, Sie wollten mich zerstören. Und wie kann man mich zerstören, wenn man mich nicht von meiner Frau trennt?

Er stutzte plötzlich und sah Czerski fast erschreckt an.

— Sehen Sie, sagte er plötzlich, jetzt hat mein

Gehirn gelogen. Es sucht Gründe für die Thatsache,
daß ich bereits zerstört bin. Die Gründe liegen wo
anders, ganz wo anders. Meine Frau ist bei mir
und ich bin dennoch zerstört ... Wissen Sie, was ein
Malstrom ist? Natürlich wissen Sie es. Ein Strudel,
ein Wirbel, ein ... Das Wasser thürmt sich zu einem
Berge auf und wirbelt sich wieder in einen abgrün=
digen Trichter hinein. Und wissen Sie, wie es ist,
wenn man hineinkommt? Ich habe es gesehen, ja —
sonderbar, auf meiner Hochzeitsreise hab' ich es gesehen.
Der Malstrom saugt auf und schleudert mit sich her=
unter, wirft wieder empor, dann wird man von Neuem
hineingerissen und wieder hinaufgeschleudert ... So ist
es bei mir. Ich bin jetzt rettungslos in einen solchen
Strom hineingerissen, ich kann noch tausendmal empor=
geschleudert werden, aber ich komme aus dem Bereich
dieses gräßlichen Wirbels nicht hinaus ... Und jedes=
mal, wenn ich hineinkomme, bekomme ich Fieber —
He, he, es ist sonderbar ...

Er trocknete sich die Stirn.

— Ja, ich bin bereits zerstört. Mißverstehen Sie
mich nicht. Ich spreche von Zerstörung, nicht als wäre
etwas Tragisches dabei, — nein! Ich spreche von Zer=
störung, wie man von einem Mauerwerke spricht, das
unter dem Zahn der Zeit, wie man sich in der Zeitungs=
sprache ausdrückt, zerbröckelt. Ich spreche von Zer=
störung ganz objektiv, wie wenn ich von einem Stück
Fleisch spräche, das in der Hitze verfault. Also in
diesem Sinne bin ich zerstört, weil das Gehirnleben
in der Hitze auch verfaulen kann ... He, he, he ...

Und weil ich zerstört bin, so bitte ich Sie, mich zu erlösen. Sie glauben natürlich, daß ich Fieber habe, ich selbst dachte an ein körperliches Fieber, das ich einer früheren Pleuritis zugeschrieben habe. Aber mein Fieber ist kein physisches; ich kann doch logisch sprechen, und ein Mann, der Fieber hat, wirkliches Fieber, der kann es nicht. Nicht wahr? Also sehen Sie, Sie werden mich von den Menschen erlösen, die mich lieben. Und jeder Mensch, der mich liebt, ist mein Feind. Die Menschen, die mich lieben, quälen mich so entsetzlich. Ich muß lügen, beständig lügen, um nicht die Qual der Enttäuschung bei ihnen zu sehen. Sie lieben mich, weil sie glauben, daß ich groß bin, aber ich bin eine Laus. Kann ich ihnen das sagen? Sie glauben nicht an meine Wahrheit. Und daher kommt meine Scham und meine Verzweiflung. Hab' ich Jemandem verwehrt, gut zu sein? Aber man erlaubt mir nicht, böse zu sein, und ich bin böse und feig. Kein Mensch hat mich so gequält wie Olga. Sie glaubte nicht, daß ich Sie aus Feigheit loswerden wollte, und als ich anfing, offen zu werden, da sah ich diese furchtbare Qual in ihren Augen . . . Aber warum lachen Sie? schrie er wüthend auf.

Aber Czerski lachte nicht.

— Ich lache nicht. Ich verstehe nur nicht, was Sie von mir wollen. Sie sind übertrieben offen und ich weiß nicht, was Sie damit bezwecken.

— Was ich damit bezwecke? Gott, sind Sie naiv! Ich will Sie natürlich in die Irre führen, ich will mit meiner Offenheit Sie zu meinen Gunsten umstimmen.

Ich bin offen, weil es ein Vergnügen ist, sich der
Sünden zu bezichtigen, die man nicht hat, um nur
andere und tausendmal schlimmere zu verdecken . . .
Ha, ha, ha — daß Sie das nicht verstehen!

Czerski lächelte, aber in seinem Lächeln war ein
solcher Schmerz, daß Falk unwillkürlich sein Lachen
abbrach.

— Das ist ja nur Geschwätz, nichts weiter, ein
leeres Geschwätz. Mich werden Sie nicht in die Irre
führen . . . Uebrigens hab' ich Janina und Sie und
Ihre Frau ganz vergessen — ich habe gestern eigentlich
nicht das gemeint, was ich sagte; ich war nur neu=
gierig, was Sie sagen würden, und Sie haben Recht,
ich wollte Sie beleidigen . . .

Falk riß die Augen weit auf.

— Sie sind erstaunt über mich, Sie haben sich von
mir eine andere Vorstellung gemacht — nun ja: was sollen
wir darüber sprechen . . . Ich habe das Alles vergessen
. . . Ich sehe Sie an, ich höre Ihre Sprache, ich fühle
Ihre Verzweiflung, ich bedaure, daß Sie so zerrissen
sind, und ich muß lachen über Sie und Ihren kleinen
Schmerz, ebenso wie ich jetzt über mich und meinen
kleinen Schmerz lachen muß . . . Nun laufen Sie
herum, ruhelos, zerrissen, und warum? Weil Sie
in unangenehme sexuelle Konflikte kamen. Lieber
Falk, es giebt einen ganz anderen Schmerz, den
Sie nicht fühlen und den nur Derjenige fühlt, der
mit dem ganzen All eins wurde, dem das ganze
Sein mit einer Hölle von Schmerzen durch die Adern
fließt . . .

Er schwieg plötzlich.

— Ich weiß, sagte er nach einer langen Pause, daß für Euch der Begriff Menschheit nicht existirt. Eure Seele ist zu klein, um die ganze Welt zu fassen, Euer Herz schlägt nur für Eure Weiber und Eure Kinder, Ihr seid Spezialisten in der Liebe, ja, Spezialisten — jeder von Euch hat ein kleines, enges Spezialfach: der Eine hat die Familie, der Andere das Bordell. Und worin unterscheidet Ihr Euch von einander? Worin? Doch nur darin, daß der Eine es wagt, das Gesetz, das Eure kleine Liebe und Eure kleinen Begierden ordnet und regelt, zu überschreiten, der Andere nicht. Alles ist schmutzig und klein an Euch . . . Worin erschöpft sich Euer Gesetzbuch? Du sollst nicht Deines Nächsten Weib begehren und Du sollst nicht Raubmord begehen. Wozu dient Eure Religion? Um Euch nach dem Leben der gesättigten Begierden im Jenseits einen ruhigen Verdauungsplatz zu sichern . . . Was ist Eure Philosophie? . . . Ich habe Euren Stirner und Nietzsche gelesen. Das ist Alles Lüge, Alles kleine Lüge. Das Hohe, das Mühsame wurde wegdisputirt, damit Eure Verdauung nicht gestört werde. Das Opfer wurde lächerlich gemacht, weil es so unendlich schwer ist, sich zu opfern, weil es so viel Kampf und Verzweiflung kostet. Ihr sagt: Ich! Aber was ist Euer Ich? Ist es nicht etwa ein Gegengift gegen das böse Gewissen? Euer Ich ist ja nur dazu da, damit Ihr das kleine Gesetz, das Eure kleinen Begierden regelt, überschreiten könnt . . . Sie, Sie, Fall, Sie sind trotz Ihres selbstherrlichen Individualismus ein kleiner Mensch.

Worin hat sich Ihr Leben erschöpft, wenn nicht in Ausschweifung und geschlechtlicher Begierde . . . Nun, ich thue Ihnen Unrecht, Sie haben viel gethan, aber war es nicht, weil Sie darin eine Art Sühne fanden, sagen Sie Falk, war es nicht, um das böse Gewissen zu beruhigen?

Er blieb fast drohend vor ihm stehen, setzte sich aber sofort wieder hin.

— Was gehen Sie mich eigentlich an. Ich habe mit Ihnen nichts zu thun. Ich sitze hier zehn Stunden und denke darüber, daß ich mit Euch Allen nichts mehr zu thun habe. Ich habe nichts Persönliches mehr an mir. Meine Seele hat sich geweitet, unendlich geweitet . . . Ihr wißt natürlich nicht, was Menschheit ist, weil Euer verlogenes Gehirn, dies schmiegsame Instrument im Dienste Eurer Verdauung, von der Menschheit einen Begriff gemacht hat, ja einen Begriff, um ihn bequem zerlegen, zerfasern und wegdisputiren zu können. Ich kenne diesen Begriff nicht, aber ich kenne die Menschheit als die Wurzel meiner Seele, ich fühle sie in jedem Schlag meines Herzens, ich fühle sie als das Grundgefühl, daß das Opfer, das ich Millionen aus meinem Selbst bringe, etwas Andres ist, als das Kriechen und Schwitzen und Rennen hinter einem Weibe. Aber jetzt gehen Sie Falk, ich möchte vor meiner Abreise allein sein. Denken Sie nur daran, daß Sie ein kleiner Mensch sind, und Sie sollten doch einer der größten sein. Sie, ja, Sie; Sie sollten es geworden sein.

Falk fühlte sich tief erschüttert. Aber im selben

Nu überkam ihn eine zynische Scham, daß er sich er=
schüttern ließ, es war ihm, als grinste sein Gehirn über
sein Hilflosigkeit.

— Essen Sie Opium? fragte er halb unbewußt.
Czerski sah ihn ernst an.

— Ihr Gehirn ist schamlos, sagte er langsam
und fast feierlich. Schamlos!

Falk duckte sich unter diesem Blick und diesen
Worten. Er starrte Czerski beschämt an, er fühlte
deutlich zwei Seelen sich an einander hochrecken.

— Ja, mein Gehirn ist schamlos.

Aber sofort gewann er seine Ueberlegenheit wieder.
Die zynische Seele siegte. Er setzte sich zurecht, lächelte
höhnisch und sagte:

— Es ist ja sehr schön, was Sie da sagten.
Ihre Kritik unserer Gesellschaft war sehr gut, obwohl
Sie über das, was Nietzsche in seinem „Zarathustra"
sagt, nicht hinausgegangen sind, ja, der Nietzsche, den
Sie so verachten.

Er schwieg einen Augenblick, um zu sehen wie das
auf Czerski wirken würde.

Aber Czerski schien gar nicht auf ihn zu hören.
Er drehte ihm den Rücken und sah zum Fenster
hinaus.

Falk wunderte sich gar nicht darüber, er grübelte
sogar nach, daß er sich nicht darüber erregte. Er wurde
plötzlich traurig und ernst.

Als er wieder anfing zu sprechen, so war es nur,
um sich sprechen zu hören.

— Sie haben Recht, mein Gehirn ist schamlos,

weil es nicht begreifen kann, daß Ihr Gefühl „Menſchheit" ſeine Urſachen hat, ſeine Urſachen, die nicht in
irgend einem Erlebniß begründet wären. Aber ſo iſt
nun einmal mein Gehirn, es nimmt Ihren Seelen-
zuſtand unter die Lupe und analyſirt ihn. Sie ſaßen
im Gefängniß. Das Weib, das Sie liebten, hat Sie
treulos vergeſſen. Ihre Einſamkeit, Ihre Erbitterung,
Ihr Schmerz und Ihre Verzweiflung haben ſchließlich die
ſelbſtloſe Entäußerung hervorgebracht. Iſt nun etwa
Ihre Menſchheit nicht eine Lüge, eine große Lüge, um
ſich vor Verzweiflung zu retten, iſt das nicht etwa eine
Lüge, um den Schmerz zu brechen, der dieſe furchtbaren
Qualen verurſachte, eine Lüge Ihrer nach Ruhe und
Erholung bedürftiger Phyſis? Sie ſind nun glücklich
mit Ihrer großen Lüge und ich bin unglücklich, weil
meine Lüge klein iſt. Aber was heißt groß? was
klein? Mein Gott, mir ſind die Begriffe verloren gegangen, ich urtheile ja auch gewöhnlich nicht von einem
logiſchen Standpunkt aus. Ich weiß ja ſehr gut, daß
die Seele ſich nicht nach logiſchen Grundſätzen
richtet ... Aber was ich doch nur ſagen wollte? ...
Ja, richtig ...

Czerski drehte ſich plötzlich um.

— Wollen Sie Thee haben?

— Ja, geben Sie Thee, viel Thee ... Ja! Sie
verurtheilen mich, Sie nannten mich einen Schurken.
Nicht wahr, Sie thaten es? Weswegen nannten Sie
mich ſo? Weil bei meinen Zerſtörungen das Geſchlecht
ein Motiv war. Ich ſpreche Zerſtörungen, weil der
Fall mit Janina nicht der erſte iſt. Nein ...

Er trank haftig den Thee. Das Fieber fing an ihn zu beherrschen.

— Das Geschlecht war das Motiv. Gut! Aber — wieder verlor er den Gedankenfaden: er dachte lange nach, dann fuhr er plötzlich triumphirend auf.

— Sehen Sie sich Napoleon an. Er ist ja für alle solche Fälle ein klassisches Beispiel.

Sein Gesicht strahlte.

— Sie lächeln! Nein doch, ich will mich ja gar nicht mit Napoleon vergleichen. Ich wäge nur Motive gegen einander ab. Was waren seine Motive? ... He, he: die Einen sagen, er war wie das Gewitter, das die Luft reinigt. Aber es ist ein lächerlicher Vergleich. Daß das Gewitter reinigt, ist ja nur zufällig, wäre es das nicht, so müßten wir eine Vorsehung, eine prästa bilirte Harmonie voraussetzen. He, he, ... das sind nur falsche Schlüsse. Geben Sie mir noch ein Glas Thee.

Napoleon mußte aber doch Motive haben. Nun: Ehrgeiz par exemple. Aber was ist Ehrgeiz? Sie glauben doch nicht, daß Ehrgeiz eine Thatsache ist ... aber — interessirt Sie das?

— Sprechen Sie nur, das scheint Sie zu be ruhigen.

— Ja, Sie haben einen prachtvollen psycholo gischen Blick. Es beruhigt mich thatsächlich. Also Ehrgeiz ist etwas enorm Zusammengesetztes. Ein tausendfaches Kräfteparallelogramm, wenn Sie es so wollen. Es ist kein Grundtrieb wie es der Hunger und das Geschlecht ist. Es ist etwas, was aus den Grund trieben sich entwickelt hat. Alle diese Motive haben die gemeinsame Wurzel in den Grundtrieben. Sie sind nur Ableitungen, Entwicklungs= und Differenzirungs= phänomene . . .

Falk lachte nervös auf.

— Also sehen Sie, sehen Sie: alle Gefühlzmotive haben biologisch und psychologisch denselben Werth, weil sie aus derselben Wurzel stammen. He, he, . . . das sind ja spezielle Theorien, sie brauchen ja gar nicht zu stimmen. Ich wollte Ihnen nur nachweisen, daß meine Handlungsmotive denen Napoleons im Werthe durchaus nicht nachstehen.

In den meisten Fällen sind aber die Motive un= bekannt, man weiß nicht, weswegen man dies oder jenes thut . . . Nun ja . . .

Falk hatte große Mühe sich zu konzentriren. Er litt förmlich an Gedankenflucht.

Ja, also, die Motive, aus denen Napoleon zerstört hatte, können ja auch nur abgeleitete Geschlechtstriebe sein . . . Nicht wahr? Das können wir als wahr= scheinlich voraussetzen. Aber so werden Sie sagen, es ist ein großer Unterschied, eine Welt zu erobern und ein Mädchen unglücklich zu machen . . . He, he, he, . . . Sie machen mir also zum Vorwurf, daß ich ein zu kleiner Verbrecher bin? Denn um eine Welt zu er= obern, muß man eine Welt zerstören, und ich habe nur ein paar Mädchen zerstört. Nun werden Sie natürlich sagen: Napoleon hat eine Welt glücklich ge= macht. Aber in seinen Gedanken lag, weiß Gott, nicht die Absicht, eine Welt glücklich zu machen. Er that

Alles, weil er es thun mußte. In dem psychischen Thatbestande liegt gar nicht das Zweckbewußtsein. Dieses lügt erst nachträglich das Gehirn hinzu ...

— Aber Sie kämpfen ja mit Windmühlen. Glauben Sie, daß Napoleon für mich ein großer Mensch ist? Das ist er nur für Euch, weil er Euch gezeigt hat, mit welcher Rücksichtslosigkeit und Brutalität man verfahren darf, wenn es gilt seine Gier zu sättigen ...

Falk starrte ihn mit fiebernder Spannung an. Aber er faßte nicht, was der Andre sagte. Und plötzlich sah er Czerskis Gesicht, als hätte er es nie vorher gesehen!

— Sonderbar, sonderbar, murmelte er, Czerski unausgesetzt anstarrend.

Er rückte ganz nahe an Czerski heran und sprach ganz leise.

— Sehen Sie, Sie werden Verbrechen begehen, nein, nein! empören Sie sich nicht. — Verstehen Sie mich recht, ich meine das, was unsere Gesellschaft Verbrechen nennt. Ich kenne es. Ich habe es jetzt plötzlich gesehen. Ich glaubte, Sie seien krank, oder Sie äßen Opium, nun weiß ich es. Woher? Plötzlich. Urplötzlich. Alle politischen Verbrecher bekommen denselben Ausdruck. Ich habe Padlewski in Paris gesehen, Sie wissen, er hat den russischen Gesandten ermordet... Ich habe ihn drei Stunden vorher gesehen ...

Falk setzte sich wieder hin. Es wurde ihm einen Augenblick ganz dunkel vor den Augen. Es ging aber sofort vorüber.

Wenn Sie morden werden, so haben Sie dazu

7*

natürlich Motive. Ja, ich weiß, Sie haben die große
Liebe und das große Mitleid. Und worin stecken die
Wurzeln Ihres großen Mitleids? Doch nur in der
Gier, den Zweck, den Sie vor Augen haben zu reali-
siren. Inwiefern unterscheidet sich Ihre Gier von der
meinigen? Ha, ha, Sie hören ja gar nicht darauf,
was ich sage, Ihr Blick ist tausend Meilen von hier
entfernt ... Ha, ha, Sie brauchen ja gar nicht darauf
zu hören, aber sagen Sie nur, worin sich dann Ihr
Verbrechen von dem meinigen unterscheiden wird? Dadurch, daß mein Verbrechen straflos bleibt, und Sie
mit dem Tode bestraft werden. Aber ich habe die
Qual, und Sie haben das Glück des Opfers, ja —
des Opfers, schrie Falk auf.

Czerski schrak hoch.

— Was sagten Sie jetzt?

— Das Glück des Opfers haben Sie! Und ich
habe die Qual.

Falk fiel erschöpft in den Stuhl zurück.

— Natürlich werden Sie sagen, ich habe das
Alles von Nietzsche geholt. Aber das ist nicht wahr.
Das, was Nietzsche sagt, ist so alt, wie das böse Ge-
wissen alt ist ...

Er richtete sich wieder auf, sein Zustand grenzte
an Ekstase.

— Sie sagten, daß Sie auf dies Alles spucken.
Sagten Sie nicht so? Nun, ungefähr so. Und ich
gebe Ihnen Recht! Dies mit dem Uebermenschen ...
Ha, ha, ha ... Nietzsche lehrt, daß es kein Gut und
kein Böse giebt. Aber warum soll denn plötzlich der

Uebermensch besser sein, wie der letzte Mensch? Ha, ha, ha ... Warum ist der Verbrecher schöner als der Märtyrer, der aus Mitleid zu Grunde geht? Woher denn plötzlich die Werthung zwischen Schön und Häß= lich? Warum? O, ich liebe die große leidende Schön= heit, ich liebe die asketische Schönheit ... Ha, ha; ich liebte Janina vielleicht, weil sie so ungemein mager ist ... Was weiß ich? Alles ist Blödsinn! Ich spucke auf das Alles, ich spucke auf den Uebermenschen und auf Napoleon, ich spucke auf mich und das ganze Leben ...

Er sah sich verwirrt um und wurde plötzlich sehr ernst, aber dann fing er wieder an zu reden, schnell, hastig; er überstürzte sich, es war ihm, als könnte er nicht genug sagen.

— Ich habe das Niemandem gesagt, was ich zu Ihnen sage. Ich bewundere Sie, ich liebe Sie. Wissen Sie, weshalb? Sie sind der Einzige, der aufgehört hatte, selbst zu sein ... Ja, Sie und Olga — ihr Beide. Ich liebe Euch Beide um Eurer Liebe willen. Und ich liebe die große Liebe. Das ist das einzige Gefühl, das ich liebe und bewundere. Hören Sie nicht, wie mein Herz schlägt, fühlen Sie nicht, wie meine Schläfe klopfen ... Aber um zu lieben, muß man Euren Glauben haben, ja, den Glauben, der keinen Zweck hat, nur Liebe, Liebe, Liebe ist! .. He, he, he ... Ich liebe, ich bewundere, ich krieche auf meinen Knieen vor dieser Liebe, die der große Glaube ist. Es ist so sonderbar, daß gerade Ihr, Ihr Nivellirer, Ihr Mit= leidigen die Uebermenschen seid! Der Glaube, die Liebe

macht Euch so gewaltig und so stark. Ich bin der
Mensch auf dem Aussterbeetat. Ich bin der letzte
Mensch. Sehen Sie: in dem polynesischen Archipel
giebt es eine wunderbare Menschenrasse, die in dreißig,
fünfzig Jahren nicht mehr existiren wird. Sie stirbt
aus an der physischen Schwindsucht. Meine Rasse
stirbt an der psychischen Phtisis. Die Lunge des Gehirnes, der Glaube ist versauft, zerfressen . . .

Falk fing plötzlich an zu lachen.

— Ha, ha, ha . . . ich hatte einen Freund. Er war
auch so ein Uebermensch, wie ich. Er war nicht so
stark wie ich, und so starb er an den Ausschweifungen.
Als er gestorben war, ging ich in ein Kaffee, um über
den Tod nachzudenken, und mir klar zu machen, daß
er wirklich gestorben sei. Ich traf dort einen dicken
und fetten Mediziner, der mit uns zusammengeludert
hatte. Ich sagte zu ihm: Gronski ist tot. Er dachte
ein wenig nach. Dann sagte er: Das konnt' ich mir
denken. Warum? sagte ich. Man muß Prinzipien
haben, war die Antwort. Grundsätze muß man haben.
Hat man Grundsätze, so geht man nicht zu Grunde.
Aber um Grundsätze zu haben, muß man glauben,
glauben . . .

Er richtete sich plötzlich auf, und blieb lange fast
besinnungslos stehen.

— Es ist meine Verzweiflung, die durch mich
spricht, sagte er endlich . . . Sie haben Recht, Czerski —
das ganze Leben, dies ekelhafte Leben des Wurmes, der
im Mehl frißt, das Leben der kleinen Liebe . . . Sie
sind der Erste, den ich gesehen habe, der das wegge=

worfen hat, der das vergeffen hat . . . Für Sie giebt es nicht diese Gebote, um derenwillen ich leide, weil Sie zu groß sind dazu . . .

Falk ergriff plötzlich seine Hand und küßte sie.

Czerski zuckte heftig auf und entriß ihm die Hand.

Falk sah ihn lange an, ohne ein Wort zu sagen, dann setzte er sich wieder hin. Es war ihm, als wäre das Fieber von ihm plötzlich gewichen. Er wußte auch nicht recht genau, was er gesagt oder gethan hatte.

Czerski war ungewöhnlich blaß.

— Warum kamen Sie her?

Seine Stimme zitterte.

Falk sah ihn ruhig an. Sie sahen sich wohl eine Minute lang in die Augen.

— Ich schwöre Ihnen, sagte er endlich, daß ich aus keinen kleinen Motiven hergekommen bin.

— Ist es wahr?

— Ja, es ist wahr.

Czerski ging unsicher ein paar Mal auf und ab.

— Ich widerrufe alles Unangenehme, was ich Ihnen sagte — seine Stimme war sehr leise, er schien große Mühe zu haben, seine Erregung niederzukämpfen. Sie sind kein Schurke, Falk. Verzeihen Sie mir, daß ich Sie beleidigen wollte.

Er ging an's Fenster.

Es trat eine lange Pause ein.

Plötzlich drehte sich Czerski um.

— Ich kannte Sie nicht, sagte er hart, ich glaubte, Sie seien gewissenlos . . . Ich habe an Janinas Bruder Alles geschrieben, weil ich ihm versprochen hatte, über

sie zu wachen.  Und ich habe jetzt an etwas Anderes
zu denken.

—- Sie haben an Stefan Kruk geschrieben?

— Ja.

Falk sah ihn theilnamlos an.

— Hm, vielleicht haben Sie gut gethan . . . Aber
jetzt leben Sie wohl Czerski.  Ich freue mich, daß wir
nicht als Feinde scheiden.

Er ging mechanisch herunter.

# VIII

Im Flur erinnerte er sich plötzlich, daß er vorher einen Spitzel getroffen hatte. Er zündete ein Streichholz an, sah sich überall herum, aber er konnte Niemanden entdecken.

Vielleicht hatte er sich geirrt, oder, ja — vielleicht fing sich ein Verfolgungswahnsinn zu entwickeln an ... Er fühlte kalte Schauer über den Rücken laufen. Das war wohl wieder das Fieber.

Er ging und ging, ohne zu wissen, wo er eigentlich hin wollte.

Er dachte nach.

Nach Hause? Wozu? Um Menschen zu sehen, die ihn durch ihre Liebe quälten? Nein! Er wollte keine Liebe mehr haben. Das war ihm zuwider. Das konnte er nicht sehen. Alles kam ja nur davon, daß er geliebt wurde. Er hatte das verfluchte kleine Mitleid mit den paar Menschen, die ihn liebten. Sein Herz war eng, seine Interessen waren kleinlich und er war doch zu etwas Großem geboren. Deswegen rächte sich jetzt seine andere, seine große Sele, die einem Czersli in Entzücken die Hand küßt, natürlich nur um den kleinen Falk zu beschämen.

Aber er ließ sich nicht beschämen. Worüber sollte er sich denn eigentlich schämen? Ha, ha, ha . . .

Da befiel ihn eine dumpfe, kranke Schwermuth, er blieb stehen und sah nachdenklich zu Boden.

Ein neues Leben? Nein, dazu hatte er keine Kraft mehr; es würde wohl auch nicht besser werden, wie es jetzt ist. Nein, nein: besser, daß es zu Ende ging.

Isa? Isa? Zwischen ihn und sie stellte sich ihr Vorleben: der Andere, der sie trennte, war ja immer da . . .

Er stöhnte auf.

Und wie viel Glück hätte sie ihm geben können! Nein, Unsinn! Lächerlich, daß er darin einen Grund suchte. Er ging einfach auseinander. Seine seelische Konstitution war für alle diese Erlebnisse nicht berechnet, sie war zu fein und zerbröckelte unter all dieser Brutalität.

Was wollte er eigentlich noch im Leben?

Seine Kunst? He, he . . . Ich war ja ein Künstler . . . Ich mußte schaffen, weil ich eben mußte. Und ich schuf. Aber plötzlich mitten im Schreiben überkommt mich die Idee, wozu denn? Ich sehe die Menschen vor mir, ich sehe die ganze Welt, die ich entstehen lasse und ich finde plötzlich das Alles so furchtbar lächerlich. Und ich bitte Sie, lieber Czerski, wie kann man dann schaffen?! Dazu braucht man ja auch Glauben, und vielleicht noch einen andern Glauben, den Glauben an die Nachwelt . . .

Er lachte laut auf.

Oh, er wolle die ganze Nachwelt sammt der

ganzen Mitwelt dem ersten besten Knecht für sein Bischen thierisches Glück mit Vergnügen schenken, ja die ganze Welt, das Kommende und das Vergangene und noch ein Stück dazu . . .

Die Menschheit? Sie glücklich zu machen? Aber dann muß man sie ja auch gleichzeitig wissend machen . . . Warum dann nicht lieber den Menschen zum Thier zurückkehren lassen: der wissende Mensch kann nicht glücklich werden.

Eine prachtvolle Replik! Das sollt' ich Czerski geantwortet haben.

Wieder blieb er stehen.

Was sagte er doch? Er habe an Stefan geschrieben?

Ein lähmender Schreck fuhr ihm durch die Glieder. An Stefan geschrieben . . . Er hatte es Anfangs nicht verstanden, er hörte nur die Worte . . . Er fühlte jetzt eine unerhörte Lust, zu Czerski zu gehen und ihn mit seinen Fäusten zu zertrümmern, ihm den Hals umzudrehen.

Aber im nächsten Momente hatte er seine Wuth vergessen. Nur ein Gefühl von zitternder Angst peitschte ihm das Blut in das Herz zurück. Er athmete schwer und wurde sehr schwach.

Er ging weiter, aber es lastete etwas schwer auf seiner Brust, als wäre eine Welt auf ihn heruntergefallen.

So konnte es weiß Gott nicht weiter gehen. Das würde ihn ganz und gar zerstören. Und er mußte leben, er mußte um Isas willen glücklich werden.

Eine sonderbare Energie ergoß sich in sein Hirn. Er fing an mit großen Schritten zu gehen und dachte an ihre Herrlichkeit — ja, sonnenhafte Herrlichkeit ... Oh, hätte er Millionen Jahre gelebt, wären sie doch in die Sekunde zusammengeschrumpft, in der er ihr zum ersten Mal in die Augen sah, so wäre er über die ganze Welt gebreitet, so hätte er sich doch in diesen einen Blick verkrochen, den einen langen Blick ihrer Liebe ...

He, he — das war sehr schön gedacht, sehr schön ...

Er schrak auf.

Das ekelhafte Bild stieg wieder in ihm auf: sie in einer fremden Umarmung ...

Er kroch ängstlich zusammen.

Nur das nicht, nein, nein!

Er ertappte sich dabei, daß er eine Gassenmelodie zu pfeifen begann.

Er mußte ruhig werden.

Ja, ganz ruhig.

Richtig! Eine Zigarette. Natürlich, natürlich.

Er blieb stehen.

Wie spät konnte es wohl jetzt sein? Nun, noch nicht halb elf. Ja, dann ... er zündete sich bedächtig die Zigarette an — dann könnt' ich vielleicht zu Olga gehen ... Bißchen schwatzen über Menschheit, über Ideale ... Sie ist so gut, und ich brauche so viel Güte ...

Plötzlich setzte sich in seinem Gehirn eine seltsame Idee fest. Er fühlte sich von Detektivs umgeben, viel=

leicht schon im nächsten Momente würde er arretirt werden . . .

Seine Angst wuchs schäumend, er war so be nommen von ihr, daß er nicht denken konnte. Er wurde plötzlich so sicher. Die Gewißheit, daß er im nächsten Augenblick verhaftet werde, brachte ihn zur Verzweiflung.

Er sah sich vorsichtig nach allen Seiten um. Es war dunkel auf der Straße, er konnte nicht gut sehen. Da plötzlich: nicht weit von ihm stand ein Mann. Falk zitterte, faßte sich aber sofort und fing zu überlegen an. Selbstverständlich war es ein Detektiv, wie sollte er ihn nur los werden? Er drehte sich um, ging an ihm vorbei und sah ihn scharf an. Der Andere schien Falk nicht zu bemerken und ging weiter.

Falk lachte höhnisch.

Dieser lächerliche Kniff! natürlich nur um mich in Sicherheit einzuwiegen und plötzlich im entscheiden den Momente aufzutauchen.

Was sollte er nun machen?

Sich in eine Droschke setzen? Aber was würde das helfen?

Er trat in ein Restaurant, bestellte Bier und nahm eine Zeitung vor.

Unmittelbar nach ihm trat ein Mann ein, setzte sich ihm gegenüber und beobachtete ihn, wie es Falk vorkam, mit einer sonderbaren Frechheit.

Falk sah ein paar Mal von seiner Zeitung weg, aber jedesmal begegneten sich ihre Augen.

Es war unauzstehlich. Eine wilde Verzweiflung bemächtigte sich seiner, er warf die Zeitung weg, setzte sich breit hin und fing an, den Fremden höhnisch zu mustern.

Plötzlich blieb sein Herz stehen.

Der Fremde erhob sich und ging auf ihn zu. Falk sprang auf.

Aber der Mensch sieht ja gar nicht aus wie ein Spitzel. Er ist ja ganz ängstlich und demüthig, fuhr es ihm durch den Kopf.

— Ich habe die Ehre, mit Herrn Falk zu sprechen?

— Wollen Sie mich verhaften? Dann nicht hier, kommen Sie auf die Straße.

Falk zitterte und stützte sich auf den Tisch.

Der Fremde sah ihn erstaunt an. Ihre Augen begegneten sich in einem langen, fragenden Blick.

— Ich habe Sie nicht verstanden, sagte der Fremde endlich.

Falk kam zur Besinnung und rieb sich die Stirn.

— Verfolgen Sie mich?

— Nein! ich traf Sie zufällig, ganz zufällig, ich wohne hier in der Nähe. Ich habe Sie allerdings gesucht, ich wollte mit Ihnen sprechen.

Log der Mann, wollte er ihn in eine Falle locken?

— Sie haben also keinen direkten Verhaftungs- befehl? Nun, wenn Sie mit mir sprechen wollen, so kommen Sie zu mir. Falk lachte höhnisch. Für derartige Unterredungen bin ich jetzt nicht aufgelegt. Nicht wahr? Sie möchten etwas über meine Betheiligung an dem Streik erfahren? He, he, kommen Sie zu mir, dann werden wir darüber sprechen . . .

Falk mußte sich setzen, sein Herz schlug so heftig, sein Kopf war zum Zersprengen voll von Blut.

Der Fremde sah ihn mit wachsendem Erstaunen an, Falk aber stand auf, bezahlte und ging.

Auf der Straße athmete er auf. Die ganze Scene kam ihm plötzlich in seinen Gedanken ein paar Jahre entfernt vor. Es war ihm, als hätte er eine Gefahr überstanden . . .

He, he — das war seltsam, aber Alles im Leben ist seltsam. Was ist nicht seltsam? fragte er mit einem kranken Lächeln. Er fühlte seine Gesichtsmuskeln sich verzerren. Was ist nicht seltsam? Ha, ha, ha . . . Die Angst, die der Mann vor mir hatte. Natürlich war es kein Spitzel. Durchaus kein Spitzel. Vielleicht ein Mensch, den ich irgendwo einmal in der Gesellschaft gesehen, mit dem ich sogar Duzbruderschaft getrunken habe: vielleicht hab' ich ihm gesagt, daß er der prachtvollste Mensch auf Erden sei, vielleicht hab' ich ihm gesagt, daß er mein einziger Freund sei, der erste Mensch, den ich in meinem Leben getroffen habe.

Falk lachte lange, fast krampfhaft.

Wem hab' ich das nicht gesagt? Ist ein einziger Mensch da, dem ich das nicht gesagt habe?

Ha, ha, ha: jetzt wird der Kerl in der ganzen

Stadt herumlaufen und erzählen, daß er Fall in einem
ganz verwahrlosten Zustand getroffen habe, Fall sei
ganz wirr gewesen und habe irre Redensarten ge
führt . . . Ha, ha, ha . . .

Er erinnerte sich plötzlich, daß er zu Olga
gehen wollte.

Er war ganz in der Nähe.

Olga war sehr verwundert, als Falk eintrat.

— Ja, siehst Du liebe Olga, was zum Teufel hat Dich verleitet über einer Restauration zu wohnen? Man kann ja zu jeder Tages- und Nachtzeit zu Dir kommen, ohne die Hilfe eines Nachtwächters zu beanspruchen. Und unten können die Detektivs ihr Lager aufschlagen. He, he — ich habe ein wenig Verfolgungswahnsinn. Plötzlich glaub' ich in jedem Menschen einen Polizeiagenten zu sehen.

Er lachte nervös.

— Ich glaube sogar, daß ich irgend einen Menschen, der mich fragte, ob er die Ehre habe, mit Falk zu sprechen, denk' nur: die große Ehre, mit Falk zu sprechen . . .

Er stutzte plötzlich.

— Du, Olga, ich bin wohl wirklich krank. Denk' nur, ich habe den Menschen gefragt, ob er mich verhaften wolle . . .

Olga lachte auf, sah dann aber beunruhigt Falk an.

— Du bist wirklich krank. Macht Dir wieder Deine Brust zu schaffen?

Fall dachte tief nach.

Ich war nämlich bei Czerski, sagte er plötzlich und sah sie an.

— Was? Du bei Czerski?

— Das wundert Dich? He, he, das war aber deine Schuld. Hast Du vielleicht nicht geglaubt, daß ich das Geld schickte, um ihn loszuwerden? Und wenn Du das glaubtest, so mußte er erst recht daran glauben. Und so bin ich zu ihm gegangen, um ihn zu bitten, daß er sofort zu Isa gehe, um mich von der Lüge zu befreien . . . Wir gingen übrigens als Freunde aus= einander. Die ganze Zeit haben wir sehr schön über den Uebermenschen philosophirt, und da habe ich heraus gefunden, daß Du und er die einzigen Uebermenschen seid, vielleicht giebt es noch einige Andre, ein paar Mediziner mit Grundsätzen . . .

— Bist Du gekommen, um mich zu verhöhnen? Sie sah ihn traurig an. Uebrigens hab' ich nicht eine Sekunde daran geglaubt, daß Du das Geld aus Feig= heit schicken könntest, und ich danke Dir auch für die Ehre, daß Du mich für einen Uebermenschen hältst. Ich brauche es nicht, ich will nur Mensch, einfach Mensch bleiben.

— Wunderbare Antwort! Prachtvolle Antwort. Nein, wirklich im Ernste. Das hätt' ich auch werden sollen.

— Ich habe nicht gesagt „werden", sondern „bleiben".

Er sah sie ernst an.

— Ja Du — Du und Czerski. Aber ich, ich müßte erst Mensch werden, um Mensch zu bleiben.

Olga sah ihn fast zornig an.

— Ich finde Deine Selbstanklagen und Deine krankhafte Lust, Dich zu demüthigen und zu verleumden, ganz unausstehlich. Es kommt mir beinahe vor, als wäre Dir die Liebe, die man Dir entgegenbringt, widerlich, und als wolltest Du sie auf diesem Wege zerstören.

— Ja, das will ich, schrie er plötzlich rasend auf. Das will ich! Ihr hindert mich daran, das zu sein, was ich bin, ein Schurke, ein Hallunke, ha, ha, ha... nein, zum Donnerwetter kein Schurke! Lächerlich! Ihr hindert mich daran, böse zu sein, ja, groß im Bösen zu sein, zu schaffen durch das Böse. Ich verachte Eure schaffende Güte, weil sie doch immer den Weg ins Böse nimmt. Ja, jetzt fühl ich erst, wie verächtlich Eure Güte und Eure Liebe ist. Und ich dummer Esel, ich laufe bei Euch Allen umher und flehe Euch um Verzeihung an. Warum?

Er fiel erschöpft hin und starrte Olga an.

— Warum siehst Du mich so erschrocken an? Ich bin wüthend auf mich selbst, weil ich bei Czerski zu viel geschwätzt habe. Ich habe mich vor diesem Menschen gebeugt... Aber es kam nur so im Fieber... Wenn ich nur erst gesund werde: ich habe einen höllischen Plan ausgedacht . . . Du sollst sehen, der ganze Plan ist bis in das feinste Detail ausgedacht und ausgearbeitet . . . Ich schwöre Dir, daß ich den ganzen Bergwerkverband, he, he, es ist eine Gesellschaft von zwanzig Millionen, in spätestens zehn Monaten ruiniren werde . . .

Er fuhr plötzlich triumphirend auf.

— Das werd' ich mit Czerski zusammen machen ...
Wir sind jetzt Freunde. Er ist der einzige Mensch, mit
dem zusammen ich es machen kann. Er hat gräßlich
gelitten. Ich untersuchte, ob er nicht weiße Haare be=
kommen hatte. Das bekommt man nämlich, wenn man
so viel leidet. Aber weißt Du, Olga, geh herunter und
hol eine Flasche Kognak. Ich bin ein wenig krank.
Geh', geh', hier hast Du Geld: ich will mit Dir sehr
lange sprechen. Ich will ein neues Leben beginnen.
Ich werde Czerski folgen. Czerski ist ein Christus.
Er ist der reinste Mensch — ja, er und Du ...

Falk fiel ins Sopha hin und grübelte. Olga holte
den Kognak.

Er trank ein Glas voll.

— Sonderbar, wie das hilft. Es ist wirklich
keine Einbildung, aber auf meinen Organismus wirkt
Kognak ungemein stimulirend. Ich werde wohl gar=
nicht sterben können, denn ich überwinde jede Krankheit
mit Kognak.

Er schwieg und vertiefte sich in Gedanken.

— Du Olga, Du hast Dich wohl meinetwegen
sehr gequält? fragte er plötzlich.

Sie antwortete nicht.

— Es ist schlecht von mir, daß ich Dich in meiner
Nähe behalte, aber ich kann Deine Liebe nicht entbehren,
es kommt mir vor, als würd' ich in Deiner Gegenwart
ein neuer Mensch.

— Und doch suchst Du diese Liebe zu zerstören.

— Nein, nein, Du irrst Dich, sagte er eifrig.

Ich bekomme nur eine solche Angst, daß ich sie ver-
lieren könnte und dann werd' ich so verzweifelt — ja,
wirklich verzweifelt, fügte er langsam hinzu.

Sie schwiegen lange.

Er erhob sich in plötzlicher Unruhe und ging auf
und ab.

— Sag 'mal, Olga, hast Du jemals das Gefühl
gehabt, daß die Welt zu Grunde gehe? Ich habe
nämlich jetzt plötzlich das Gefühl. Es ist nicht das
erste Mal. Es kommt oft, und immer öfter, ja —
seit einem Jahre vielleicht. Hm, es ist möglich, daß
es nur eine lächerliche Suggestion ist von irgend=
woher . . . Ich habe zu viel Elend gesehen in der
letzten Zeit. Das kann man nämlich wirklich durch
Suggestion bekommen, mein' ich. Es liegt in der Um-
gebung, in der Luft, man liest es ab auf irgend einem
Gesicht . . . Als ich noch Student war, kamen Mehrere
von uns öfters zusammen . . . wir waren wohl sechs
Menschen . . . Es waren scheußliche Ausschweifungen.
Wir tranken auch sehr viel. Da plötzlich bekam ein
Mensch mitten im Trinken furchtbare Krämpfe. Nun
denk' Dir: war da ein Kerl, ein Jurist, stark wie eine
Fichte im Urwald. Aber er sieht den da sich in Kräm
pfen winden, er bekommt einen wahnsinnigen Schreck
und fällt selbst in Krämpfe . . . Ein Dritter fängt
wie in Todesagonie zu schreien an, nicht wie ein
Mensch, nein, es waren gräßliche, thierische Schreie,
die die Nerven aus dem Leibe rissen . . . Ich weiß
nicht, was geschehen wäre, wenn nicht die Leute aus
dem ganzen Hause zusammengelaufen wären . . .

Falk trocknete sich den Schweiß von der Stirne und wurde blaß wie ein Todter.

Hör' Olga. Dir muß ich das erzählen. Es quält mich, und ich habe keinen Menschen, dem ich das sagen könnte . . . Ich weiß eigentlich nicht, warum ich Dir das erzählen soll . . .

Er sah sie schweigend an. Sie faßte seine Hand. Er schien gräßlich zu leiden.

— Ja, sag es mir, vielleicht wird es Dich er= leichtern.

Falk sah zu Boden.

— Ich habe nämlich ein Kind getödtet . . .

— Was? Olga fuhr auf.

— Ja, ein Mädchen von sechszehn Jahren . . . Ich habe sie nicht direkt getödtet, aber — er sah Olga starr in die Augen.

Eine lange Pause.

— Sag', sag Alles! Olga raffte sich auf.

— Wirst mich nicht verachten?

— Nein! sagte sie hart.

— Eine ganze Woche hab ich an der Zerstörung dieser weißen, reinen Seele gearbeitet.

— Und Du warst verheirathet?

— Ja.

Er schwieg und sah sie wieder starr an. Der Schweiß trat ihm wieder auf die Stirn, und seine Lippen bebten.

— Es war ein Gewitter, sie war allein zu Hause, und da hat sie sich mir gegeben. Ich weiß dann nicht mehr viel. Ich weiß nur, daß ich in unsagbarer Qual nach Hause ging, daß Blitze um mich her einschlugen, ich erinnere mich an eine Weide, die plötzlich in Flammen stand und auseinanderfiel, dann ward ich krank und lag lange Zeit besinnungslos.

— Dann hast Du es wohl im Fieber gemacht?

— Nein! Ich bekam das Fieber nachher.

— Und sie?

— Sie hat sich Tags darauf ertränkt, als ich ihr sagte, daß ich verheirathet sei.

Es entstand eine lange, peinliche Pause.

— Ich habe nicht viel darüber nachgedacht. Ich erinnere mich, daß ich ein ganzes Jahr nach ihrem Tode sehr wenig daran gedacht habe. Aber plötzlich, als ich vor einem Jahre von Paris hierher kam, traf ich ihren Vater auf der Straße. Er fuhr wahrscheinlich mit seiner kranken Frau ins Bad. Damals waren sie nämlich auch im Bad, und da habe ich die kleine Marit verführt . . .

Falk bekam einen Anfall von quälender Angst, sein Athem stockte und das Fieber fing wieder in ihm zu rasen an. Er sprach schnell und leise.

— Ich traf ihn plötzlich auf der Straße, da bekam ich einen Ruck, als wär ich vom Blitz getroffen. Ich blieb wie angenagelt stehen, ich hätte mich nicht rühren können, wenn auch der Himmel über mich einstürzen sollte . . .

Er lachte heiser auf.

— Ja, natürlich, dann erst recht nicht . . . Aber ich sah den alten Mann, er starrte mich an, als wollte er mich mit dem Blick tödten. Ich wollte wegsehen,

aber ich konnte nicht . . . Ganz weiß war er ge
worden . . .

Falk athmete schwer.

— Dann hört ich ihn laut schreien: Mörder!
Und in dieser Sekunde hab ich verstanden, daß ich ein
scheußliches Verbrechen begangen habe . . . In dem
selben Moment trat er auf mich zu, ich sehe seine Hand
sich ausstrecken, zur rechten Zeit fing ich sie auf, und
stieß ihn mit der Faust so heftig zurück, daß er taumelte und fiel. — — Seit dieser Zeit ist es gekommen . . .

Falk sprach fast unhörbar.

Olga wurde von einem unheimlichen Gefühl ergriffen. Fast unbewußt packte sie seine beide Hände,
hielt sie fest, drückte und schüttelte sie und sah ihn mit
wachsender Angst an.

— Warum, warum mußt Du so unglücklich sein?!

Falk überkam plötzlich ein Gefühl, daß er sich
diesem Weibe zu Füßen stürzen müsse, es zwang ihn
etwas nieder mit aller Macht, er faßte sich mit großer
Mühe.

— Du, Du . . . stammelte er.

Aber plötzlich zog er seine Hände weg und lachte
mit einem kurzen heiseren Pfiff.

— Sieh mich nicht so an. Thu' es nicht! Das
berührt mich so unheimlich.

Er wurde von einem Taumel erfaßt. Er sprach
schnell und lachte beständig.

— Es giebt nämlich hier in der Stadt ganz
sonderbare Stellen, wo man plötzlich temporäre Wahn-

sinnzanfälle bekommen kann … Ja, da, an einer solchen Stelle, ich glaube, es war im Afrikanischen Keller, saß ich mit einem Freund, den ich bis zur Verrücktheit liebe … Ha, ha, auch ein Uebermensch! Er hat hier einem Maler die Frau entführt und ist mit ihr durchgegangen. Seitdem ist er verschwunden. Ich hasse ihn, ich hasse ihn, schrie er plötzlich auf. Ich darf gar nicht mit ihm zusammen sein, er haßt mich auch, ja, jetzt … Wir saßen damals ganz still und tranken. Aber plötzlich begegneten sich unsere Augen. Ganz zufällig. Ja, zufällig — und sie blieben an einander kleben. Ich wollte sie losreißen, aber es war unmöglich, unsere Augen waren in einander verwachsen. Und da fängt er plötzlich an zu schreien, in einem so thierischen Angstgefühl, daß mir der kalte Schweiß über den ganzen Körper rann … Es ist etwas in der Seele, das nicht berührt werden darf, sonst geht der Mensch auseinander … He, he, he … Siehst Du, der Alte hat es in meiner Seele aufgerissen und seitdem blutet es unaufhörlich … Der verfluchte Alte, daß ihn der Teufel hole … He, he: das ist etwas, was jenseits vom Gehirne liegt — ganz, ganz jenseits … Der größte, der heiligste Verbrecher auf der Erde, Napoleon, ja Napoleon, dieser große heilige Verbrecher bekam Krämpfe, als er den Herzog von Enghien tödten ließ … Ich habe illustre Vorbilder … Das hab ich sehr lang und breit Czerski erklärt … Hast Du jemals davon gehört, daß die Römer so ein heiliges Bakchusherz bei den Saturnalien herumtragen ließen? Wer es zu sehen bekam, der mußte sterben … Ha, ha, ha … die Alten

wußten es, die wußten es sehr gut, und sie wußten
viel mehr, als in Eurem kommunistischen Mani
feste steht.

Plötzlich sah er Olga ihn mit unaussprechlicher
Angst anstarren.

Er wurde augenblicklich ruhig. Dann lächelte er
verlegen.

— Ja, Du hast wohl ein wenig Angst vor mir?
Er setzte sich hin. Hast Du vielleicht etwas zu essen?
Ich habe heute noch nichts gegessen.

Sie schaffte ihm Brot und Butter, er rührte es
aber nicht an. Er schien ganz in einem tiefen Brüten
aufzugehen.

Ein namenloses Mitleid erfaßte Olga mit dem
Manne, den sie so grenzenlos mit ihrer starken Seele
liebte. Sein Fieber theilte sich ihr mit, ein wilder
Taumel fing an in ihrer Seele zu wirbeln. Es war,
als wäre etwas in ihr aufgesprungen, und die heiße
Gluth quölle unaufhaltsam heraus. Sie fühlte ihren
ganzen Leib sich aufbäumen und in heißem Schauer
aufzucken. Sie wurde von Sinnen, eine rasende Wuth
packte sie, ein Verlangen riß an ihr nach diesem Mann,
sie fühlte, daß sie nun aufschreien müsse: Hier, nimm
mich doch — nimm!

Aber in demselben Nu erblickte sie Falks Augen,
die mit einem seltsamen Ausdruck sie anstarrten.

— Olga, ich quäle Dich, ich werde gehen.

Sie zuckte heftig auf: der Mann schien jeden Ge
danken in ihrer Seele zu lesen. Sie wurde so ver
wirrt, daß sie ihn nur sprachlos anstarrte.

Aber Falk schien sie schon wieder zu vergessen. Er verfiel in sein früheres Brüten.

Plötzlich lachte er mit einem seltsamen Lachen auf.

— Ich habe nämlich auch einen Freund in den Tod getrieben; er war der Verlobte meiner Frau, aber sein Tod berührt mich nicht im mindesten. Er ist mir so gleichgültig, wie einer Kuh die medicäische Venus. Das kommt wohl daher, daß sein Tod nothwendig war und einen Zweck hatte. Uebrigens könnt' ich ihn jetzt, wenn er wieder auflebte, zum zweiten Male tödten ...

Hm ... Olga, Du glaubst nicht, wie krankhaft spröde meine seelische Konstitution ist. Isa hatte mich lange Zeit zusammengehalten. Ich hatte nämlich ein Gefühl der Liebe zu ihr, so unerhört stark, daß meine ganze Seele davon erfüllt wurde. Aber da bekam plötzlich diese wunderbare Synthese einen Riß, einen tiefen Riß durch ganz sonderbare und ekelhafte Empfindungen ... Nun ja ... He, he ... Hast Du vielleicht nicht auch solche kleinen Würmer in Deinem Herzen? ... Ich habe irgendwo gelesen, wie ein Kerl sagt, wenn er vor dem allmächtigen Richter erscheine, dann werde der ganz erstaunt sein über den Umfang der Leiden, die sein edles Herz beherberge ... Ha, ha, ha ... Prachtvoll gesagt, prachtvoll ...

Er schwieg.

Olga stützte den Kopf in beide Hände und sah ihn stumm an.

— Hast Du vielleicht Thee?

Da sah er große Thränen in ihren Augen, er
sah sie still und unaufhaltsam über ihre Backen rennen.

Es sah furchtbar aus. Das Gesicht war wie er
starrt im Schmerze. Nicht ein Muskel zuckte. Es war
für ihn ein Gefühl von Schreck und gräßlicher Qual.
Er konnte es nicht ansehen.

Er stand auf und ging auf den Zehen unhörbar
zur Thür hinaus.

Ein nie gekanntes Gefühl von Scham würgte ihn.
Nie hatte er es früher empfunden.

Nur nicht nach Hause, nur nicht nach Hause. Er
wiederholte es unaufhörlich.

Er lief die Straße entlang, dann um die Ecke
und blieb plötzlich stehen:

Ein riesiges Glasschild, in dem inwendig Gas
brannte: „Zur grünen Nachtigall" las er.

Er kam in einen Zustand von entzückter Seligkeit.

Hier war er mit Isa an dem Tage, als er sie
kennen lernte . . . Nur einen Augenblick sich hinsetzen
und noch einmal Alles durchleben.

Die Rathhausuhr fing an zu schlagen.

Es war zwei Uhr. Dann hatte er ja Zeit genug,
um nach Hause zu kommen.

Er trat ein.

## X

In dem kleinen Zimmer der „Grünen Nachtigall" saß nur ein Mann. Er hielt den Kopf in beide Hände gepreßt und brütete.

Falk schrak heftig auf.

Herrgott, war es nicht Grodzki? Wie war er denn hergekommen? Er mußte ja doch jetzt in der Schweiz sein . . . Und allein!

Er wurde unruhig und sein Herz schlug heftig. Er setzte sich an den Tisch und betrachtete ihn stumm.

Aber Grodzki schien nicht zu wissen, daß sich Jemand in seiner Nähe befand.

— Nun, schläfst Du? Falk stieß ihn ungeduldig an. Er fühlte sich mit einem Male gereizt, ohne zu wissen, warum.

Grodzki sah ihn, ohne seine Stellung zu verändern, ruhig an mit glanzlosen, starren Augen, dann fing er an, aufmerksam sein Glas zu betrachten.

Kannst Du denn nicht ein Wort sagen? schrie Falk ihm zornig zu.

Grodzki sah ihn wieder an und lächelte boshaft.

Falk wollte etwas sagen, aber in demselben Augen

blick bemerkte er, daß Grodzki ganz unheimlich ver
ändert war. Sein Gesicht war todtenblaß, die Augen
eingefallen und eigenthümlich starr.

— Bist Du krank?

Grodzki schüttelte den Kopf.

— Was fehlt Dir denn?

— Hm; Du möchtest wohl wieder Deine Experi-
mente über Decadence und Degeneration mit mir an-
stellen? Nun, die Zeit ist vorüber, wo ich wie ein
Medium Deinem Einfluß unterlag.

Falk schien Alles zu überhören.

— Sonderbar, daß ich heute gerade über Dich
gesprochen habe, über Deinen Wahnsinnsanfall in dem
Afrikanischen Keller . . . Ganz lächerlich hast Du Dich
damals benommen . . .

Falk wurde wüthend.

— Sag' doch jetzt endlich, warum hast Du damals
so geschrieen? Was? Uebrigens ist es mir sehr unangenehm, Dich hier zu treffen . . .

Grodzki sah ihn wieder an und lächelte.

— Mir auch, sagte er. Ich hätte eigentlich wissen
sollen, daß man in den Nächten Dich überall antreffen
kann. Er lachte boshaft auf. Hast Du Deine Ausschweifungen noch nicht eingestellt?

Falk zuckte verächtlich die Achseln und bestellte
Wein. Er fühlte wieder die Fieberschauer, es brannte
ihm im Schlund und manchmal wurde es ihm schwarz
vor den Augen. Aber es ging gleich wieder vorüber.
Er wischte sich den Schweiß von der Stirn.

— Du hast wohl Fieber? fragte Grodzki lächelnd.

Falk wurde ganz hilflos.

— Ja, ja; ich bin wohl ein wenig krank, ich weiß nicht eigentlich . . . Das geht vorüber; aber ich bin so unruhig . . .

Er fühlte plötzlich das Verlangen, viel zu sprechen, er wollte auch Grodzki über Vieles fragen, aber er vergaß, worüber eigentlich.

— Nein, nein, es hat nichts zu bedeuten . . . Ja, richtig! Ich habe Dich so lange nicht gesehen, seit Deiner Skandalgeschichte nicht mehr . . . Ich habe jetzt auch oft Fieberanfälle.

Er besann sich.

— Ja, Deine Skandalgeschichte . . . Du bist doch mit der Frau, wie heißt sie doch nur — weggefahren . . . Wie bist Du denn wieder hier? Warum bist Du hier? Wo ist sie denn?

— Sie ist wohl todt, sagte Grodzki nachdenklich.

— Todt? Todt? Nein, erlaub mal, ich habe Dich nicht verstanden . . . Sie ist wohl todt! sagtest Du.

— Ja, ich weiß nicht genau. Grodzki sprach un gewöhnlich langsam. Ich weiß wirklich nicht genau. Ich habe ihr gesagt, sie sei mir eine Last, und so ist sie gegangen. Ich habe dann kurz nachher mein Be wußtsein verloren, weil ich ein starkes Gehirnfieber be kam, und da konnt' ich nicht mehr meine Visionen von der Wirklichkeit unterscheiden. Man sagte mir nichts, weil ich Niemanden gefragt habe, man hat mich auch wohl schonen wollen; übrigens bin ich gleich weg gefahren . . . Mehr kann ich Dir nicht sagen, fügte er nach einer Pause hinzu . . . Nun, es ist mir auch gleichgiltig, ich bin damit fertig geworden.

Falk starrte ihn ängstlich an.

— Ist das wahr?

— Ich weiß ja selbst nicht, ob es wahr ist, es interessirt mich auch nicht, die Wahrheit zu erfahren.

Sie schwiegen. Beide saßen wohl zehn Minuten, ohne zu sprechen.

— Du Falk, glaubst Du an die Unsterblichkeit der Seele?

— Ja.

— Wie stellst Du Dir das vor?

— Der Glaube stellt sich nichts vor. Uebrigens glaub' ich gar nicht daran. Ich glaube weder, daß sie sterblich, noch daß sie unsterblich ist. Ich glaube an nichts . . . Aber weißt Du wirklich nichts mehr von ihr?

— Von wem?

— Von ihr!

— Nein! . . . Hm, der Glaube — der Glaube . . . Ich glaube eigentlich auch an nichts, aber ich habe doch eine sonderbare Angst.

— Angst?

— Ja, große Angst. Man denkt niemals ernsthaft daran, das Leben ist ja so lang. Aber, wenn man sterben will, so denkt man beständig an das, was dann kommen könnte. Ich will nämlich jetzt mit dem Leben ein Ende machen, sagte er nach einer Pause mit einem sonderbaren Lächeln.

— So, so; Du willſt ſterben. Das iſt ſehr ver
nünftig, das iſt das Beſte, was Du thun kannſt.

Falk beobachtete ihn neugierig.

— Es iſt eigentlich keine Angſt; nein — etwas
ganz Anderes. Im Momente, wo ich es thun will,
verliere ich plötzlich das Bewußtſein. Ich kann nicht
denken, ich kann nicht genau kontrolliren, was ich thue.
Ich bekomme Fieber, und ich möchte bei vollem, kaltem
Bewußtſein ſterben . . . Das ſcheint ſehr ſchwer zu
ſein . . . Es giebt zwar eine Methode, nämlich urplötzlich, in dem Momente, wo man ſagt, daß man es
n i ch t thun will, abzudrücken, alſo ſich ſelbſt zu überrumpeln . . . So thun wohl die Meiſten. Aber ich
will mich nicht überrumpeln. Ich will mit Willen
ſterben.

Falk ſah ihn unverwandt an. Er wunderte ſich
eigentlich darüber, daß Grodzkis Rede auch nicht den
geringſten Eindruck auf ihn machte. Ihn intereſſirte
nur ſein Geſicht. Es war das Geſicht einer Maske.
Namentlich das Lächeln war ſonderbar. Die Lippen
verzogen ſich langſam und ganz mechaniſch, ohne daß
auch nur ein Muskel daran Theil zu nehmen ſchien.
Er dachte nach. Was ging mit Grodzki vor? Was
wollte er nur?

— Warum willſt Du Dich eigentlich tödten?

Er fühlte ſein Herz heftig und unruhig ſchlagen.

— Warum? Warum? Mit demſelben Rechte
könnt' ich Dich fragen, warum Du noch weiter leben
willſt. Das iſt doch noch viel ſonderbarer. Ich habe

Dich jetzt erst verstanden. Ich habe sehr viel über Dich nachgedacht. Du hast ja eine große Rolle in meinem Leben gespielt . . . Warum willst Du noch leben mit Deiner Verzweiflung und Deinem bösen Gewissen?

Er lachte lautlos.

— Alles, was Du thust, thust Du aus Deinem bösen Gewissen, und wenn Du Jemanden verdirbst, so thust Du es nur, um Mitschuldige zu haben, um auch Andere leiden zu sehen. Du hast nicht Stolz genug, um allein leiden zu können. Du leidest übrigens viel zu viel. Ist es nicht so?

Sie sahen sich lange an. Falk fühlte plötzlich eine räthselhafte Raserei gegen diesen Menschen, die sich auch Grodzki mitzutheilen schien, denn er sah, wie seine Augen sich zu beleben anfingen und ihn mit einem wüthenden Ausdruck des Hasses anstarrten. Sie bohrten sich in einander mit ihren wüthenden Augen. Falk fühlte, daß sein Gesicht zu zucken anfinge: er stand unwillkürlich auf und setzte sich wieder hin. Es war ein Moment, in dem er auf den Anderen losspringen wollte, dann hatte er Lust aufzuschreien, er fühlte, daß er jetzt seine Augen nicht losreißen konnte.

Da plötzlich brach der Bann . . .

Grodzki lachte heiser auf.

— Ha, ha: Du bist jetzt unschädlich, lieber Falk. Es fehlt Dir an Kraft, Böses zu thun. Es sind nur noch Trümmer von Dir übrig geblieben . . . Ich habe Dich einmal sehr geliebt, mehr als Du es Dir denken kannst.

Im selben Nu wurde sein Gesicht ernst. Falk starrte unaufhörlich dies Maskengesicht an. Er hörte kaum, was Grodzki sprach. Er fraß mit den Augen an diesem Gesicht, um etwas aus ihm herauszulesen, ein Geheimniß, das da drin stecken mußte . . .

— Ja, ich habe Dich sehr geliebt. In meinen Augen warst Du ein Gott, aber jetzt seh' ich, daß Du auch nur ein Mensch bist. Es ist mir, als wär ich jetzt plötzlich aus einem hypnotischen Schlaf erwacht . . . Nur ein Mensch, sagte er nachdenklich, eine höhere Gattung vom Affen . . . ein Schurke, ein kleiner Schurke bist Du. Nein, ich liebe Dich nicht mehr. Ich habe eigentlich keinen Grund dazu . . . Ja, doch: ich liebe Niemanden. Ich habe auch s i e nicht geliebt. Du wirst das vielleicht selbst einmal erleben. Wir können nicht lieben: das ist Alles nur Selbstlüge . . . Nein, Dich hab ich ja auch immer viel mehr gehaßt, als geliebt. Ich habe mich eigentlich immer gehütet vor dem dummen Kniff der Natur, den Menschen durch Liebe ans Leben zu fesseln . . . Er schwieg eine Weile.

Ja, Falk, Du bist ein kleiner Mensch). Was gehst Du mich übrigens an?

Er sah Falk starr in die Augen und spielte mechanisch mit dem Weinglas.

— Ich habe Dir auch nichts mehr zu sagen. Es ist ein dummer Zufall, daß ich Dich getroffen habe . . .

Er lächelte boshaft.

Vielleicht, — ja, vielleicht würd' ich Achtung vor Dir bekommen, wenn Du mit Deinem erbärmlichen

Leben auch ein Ende machen wolltest . . . Ich will ja
gar nicht den scharfsinnigen Psychologen spielen, aber
es giebt Momente, wo man so deutlich, so klar in der
Seele des Anderen lesen kann . . . Ich sehe so deutlich
Deine Verzweiflung, Deinen Lebensekel . . . Aber es
geht mich ja im Grunde nichts an . . .

— Wiederhole das nicht so oft, sonst werd' ich
das Gegentheil glauben, versetzte Falk boshaft.

Grodzki wurde plötzlich sehr unruhig und schien
selbst nicht zu wissen, was er sprach. Er vergaß, was
er vor einer Weile sagte.

— Nein, ich meinte nur, oder Du wirst meinen,
daß man so etwas nicht w o l l e n kann: nun: D u
kannst es thun, weil Du es m u ß t . . . Es kommt
ja auf dasselbe hinaus, ob man es w i l l oder muß...
Warum soll man nicht dem Gehirne die stolze Satisfaktion lassen, daß es einmal, ein einziges Mal etwas
gewollt hat? Warum nicht? Man braucht sich auch
gar nicht zu wundern, daß es nur ein einziges Mal
Etwas gewollt hat. Es ist ungeheuer schwer, etwas
zu wollen. Ich wollte es gestern thun, und ich habe
mich vor Angst und Verzweiflung in den Finger ge-
bissen, ohne daß ich es wußte. Es sträubt sich etwas
furchtbar gegen den Tod. Es quält sich so wahnsinnig, es leidet so unerhört, daß die Haare zu Berge
stehen. Es hilft nichts. Mein Gehirn hat einmal etwas
gewollt, und es w i l l den Tod.

Er schwieg wieder. Falk sah ihn mit steigender
Angst und Entsetzen an.

— Nur darf man es nicht in Verzweiflung thun...

Grobzki sprach halblaut mit sich selbst.

— So macht es jeder Knecht, der beim Militär schlecht behandelt wird, — nein, in Ruhe, in vollkommener Ruhe muß man es thun.

Er sah wieder mit weiten, ausdruckslosen Augen Falk an.

— Ich habe ein Bild gesehen. Der Mann geht in Lackschuhen und aufgekrempelten Hosen in das Reich des Todes. Der Mann geht sans peur, mit Chick. Zwei Lilien wachsen zu jeder Seite. Unten gähnt der Tod. Die ganze Sache ist für den Tod langweilig. Und die dummen Menschen machen so viel Wesens daraus ... Das Bild hat damals einen großen Eindruck auf mich gemacht ... Verstehst Du den blasirten Tod? Verstehst Du, was das bedeutet: ein Tod, für den der Tod gleichgiltig und langweilig ist?

Er schwieg lange.

— Ich habe auch keine Angst. Ich hätte absolut keine Angst, wenn ich mich ins Gehirn schießen wollte. Aber ich will mit Anstand und in Schönheit sterben, ich will nicht, daß mein Gehirn nach allen Seiten herumsprißt ... Nun siehst Du: ich habe Angst vor den paar Sekunden, da mein Gehirn noch leben wird, nachdem das Herz schon tot ist. Mein ganzes Leben werd' ich in diesen paar Sekunden durchleben, noch einmal durchleben. Eine entsetzliche Lebensbrunst wird mich befallen: es wird mir Alles so schön vorkommen, was ich erlebt habe. Eine unerhörte Verzweiflung, ins Leben zurück zu kommen, wird mich packen, eine rasende Angst, daß diese paar Sekunden bald zu Ende gehen, daß ich in einer Sekunde vielleicht nicht mehr denken kann. Jeden Grashalm werd' ich sehen, jedes Blatt über mir werd' ich zählen, an tausend kleine Sachen werd' ich denken, um das Gehirn wach zu erhalten... Die Gedanken werden sich immer mehr verwirren. In dem letzten Sekundentausendstel werd' ich noch an sie denken, — noch ein furchtbarer Ruck durch den ganzen Körper, dann fängt ein feuriger Kreis vor meinen Augen zu tanzen an, ein Kreis in einer wüsten, wirbelnden Bewegung. Ich werd' ihn anstarren, wie er schwindet und zusammen schrumpft: jetzt so groß wie ein Teller, jetzt wie ein kleiner Ring . . . noch ein gräßlicher Ruck der Angst, daß er nun sofort verschwinden soll — aber jetzt ist er nur ein winziger Punkt, ein lachender Punkt im Gluthauge des Nichts — Grodzki lächelte irrsinnig — dann ist es vorüber.

Ein entsetzliches Angstgefühl wirbelte in schmerzhaftem Schauer über Falks ganzen Körper. Aber nur einen Augenblick. Er wurde mit einem Schlag ruhig. Gleichzeitig fühlte er eine quälende Neugierde sich regen und wachsen. Er möchte sich jetzt in ihn hineinsaugen. Es war da ein Geheimniß, das er nicht kannte, das ihm vielleicht die letzten Gründe des Daseins klar machen könnte. Aber sein Gehirn war wie benebelt, jeden Augenblick wurde es ihm schwarz vor den Augen und jedesmal griff er nach dem Weinglas.

Plötzlich sah er wieder mit unheimlicher Deutlichkeit Grodzkis Gesicht. Er prägte sich unwillkürlich die Züge ein. So also sieht einer aus, der in der nächsten Stunde sterben will ... Sonderbar! Nein, nicht

sonderbar: das Gesicht glich vollkommen einer Todten=
maske, nicht ein Muskel rührte sich in ihm: es war
erstarrt. Er beugte sich weit über den Tisch und fragte
geheimnißvoll.

— Wirst Du es wirklich thun?

— Ja ... Heute.

— Heute?

— Ja.

Sie starrten sich eine Zeit an. Aber Grodzki
schien nichts mehr zu sehen. Er war ganz geistesab=
wesend, nein, nicht abwesend, er dachte überhaupt
nicht mehr.

Plötzlich rückte Grodzki Falk ganz nahe und fragte
mit geheimnißvollem Eifer.

— Glaubst Du nicht, daß der heilige Johannes
sich geirrt hat, als er sagte: am Anfange war das
Wort?

Falk sah ihn erschreckt an. Grodzki schien plötz=
lich verwirrt zu sein. Seine Augen waren unnatür=
lich geweitet, sie glichen zwei schwarzen, glühenden
Kugeln.

— Das ist Lüge. Das Wort ist erst eine Ema=
nation, das Wort wurde vom Geschlecht geschaffen ...
Das Geschlecht ist die immanente Substanz des Da=
seins ... Sieh', in mir haben sich die Wogen seiner
Evolution gebrochen. Ich bin der Letzte! Du bist nur
Uebergang, ein kleines Glied in der Kette. Aber ich
bin der Letzte. Ich stehe tausendmal höher als Du.
Du bist Entwicklungsding und ich bin Gott.

— Gott? fragte Falk in wachsendem Entsetzen.

Ich werde gleich Gott. — Gott ist das Lezte des Nichts, der Schaum, den das Nichts ausgeworfen hat. Ich bin mehr, denn ich bin die letzte Woge des Seienden.

Er reckte sich hoch, ein stolzer Triumph goß sich über sein Gesicht.

Gott ist das Mitleid und die Verzweiflung und die Langeweile des Nichts, aber ich bin der Wille der stolzesten Schöpfung des Seienden. Der Wille meines Gehirnes bin ich! schrie er triumphirend auf, sank aber sofort wieder in sich zusammen.

Eine krankhafte Ungeduld fing plötzlich an in Falk zu rasen. Sollte es länger dauern, so würde er es nicht aushalten können. Das Fieber würde ihm das Gehirn zersprengen. Wenn der Mensch nur gehen möchte. Wenn es nur schnell zu Ende wäre. Die Sekunden wurden ihm zu Ewigkeiten. Er hatte Mühe, ruhig zu sitzen. Er konnte es nicht abwarten, eine Raserei von Ungeduld zitterte in ihm und sein Herz schlug so heftig, als wollte es die Brust zersprengen.

Plötzlich erhob sich Grodzki langsam, ganz so, als wüßte er nicht, was er thue, er ging wie im Schlaf an die Thür. Hier blieb er sinnend stehen. Auf einmal wachte er auf.

— Du Falk, glaubst Du wirklich, daß es Teufels=logen giebt?

— Ich glaube nichts, ich weiß nichts, vielleicht in New=York, in Rom, ich weiß nicht . . . er raste vor Ungeduld.

Grodzki grübelte. Dann ging er langsam hinaus.

Falk athmete erleichtert auf. Aber plötzlich wuchs eine furchtbare Unruhe in ihm. Es kam ihm vor, als hätte er jetzt erst eigentlich verstanden, was Grodzki thun wollte.

Er wollte nachdenken, aber er konnte nicht. Nur seine Unruhe wurde mit jeder Sekunde größer. Eine thierische, unreflektirte Angst stieg in ihm auf, sein Herz blieb auf einen Moment still stehen.

Er griff nach seinem Hut und legte ihn wieder weg, dann suchte er nach Geld, mit krampfhafter Hast durchwühlte er alle Taschen, fand es endlich in der Westentasche, rief nach dem Kellner, warf ihm Alles zu, was er in der Hand hatte und lief auf die Straße.

Von Weitem sah er Grodzki an einer Straßenuhr stehen.

Falk drückte sich ängstlich an eine Wand, daß Grodzki ihn nicht zufällig entdecke, und wieder fühlte er die rasende Ungeduld, daß es endlich einmal ein Ende nehmen möchte.

Nun sah er ihn endlich gehen. Mit sonderbarer Deutlichkeit sah er jede Bewegung, er studirte diesen eigenthümlichen, schleppenden Gang. Er glaubte be rechnen zu können, wann sich der Fuß erheben und wann er wieder zu stehen kommen würde. Er sah das Gleichgewicht des Körpers sich mit der Genauigkeit einer Maschine in derselben Bahn verschieben.

Dann wurde er zerstreut. Er bemühte sich, un hörbar zu gehen. Das machte viele Mühe und seine

Zehen fingen an weh zu thun, aber er wurde dadurch ruhiger. Er konnte nur nicht verstehen, was diese quälende Neugierde und diese Ungeduld zu bedeuten hatten.

Er folgte Grodzki die Straße entlang und sah ihn in einer Parkanlage verschwinden,

Falk wurde so schwach, daß er sich an ein Eck haus anlehnen mußte, um nicht zu fallen. Alles war in ihm so gespannt, daß der geringste Laut ihm weh that. Er hörte in der Ferne eine Droschke fahren, dann hörte er ein Lachen . . . er zitterte immer heftiger, seine Zähne klapperten.

Jetzt muß es kommen . . . Er schloß die Augen. Jetzt . . . jetzt . . . sein Herz schnürte sich zusammen. Er erstickte.

Da fuhr es ihm durch das Gehirn, er könnte den Schuß überhören. Das Blut brauste und wogte in seinem Kopfe. Vielleicht könnte er gar nicht hören!

Er horchte gespannt.

Er wird sich vielleicht nicht erschießen, dachte er plötzlich und ballte in einem Paroxysmus der Wuth die Fäuste. Er wollte ihn nur narren. Er wird sich gar nicht erschießen! wiederholte er in wachsender Raserei. — Er kokettirte nur mit dem Gedanken . . .

In diesem Augenblick hörte er den Schuß.

Ein jäher Schreck fuhr ihm durch die Glieder. Er wollte aufschreien, seine Seele rang danach, zu schreien, gräßlich zu schreien, aber seine Kehle war wie zugeschnürt, er konnte nicht einen Laut hervorbringen.

Plötzlich fühlte er eine wilde Freude, daß es zu Ende war, aber im Nu schlug seine Seele in einen wilden Haß um gegen diesen Menschen, der ihm diese Qual bereitet hatte.

Er horchte. Es war still. Nun fraß er sich mit jedem Nerv in diese Stille hinein, er konnte nicht genug horchen, es war ihm, als gösse sich diese Ruhe in ihn hinein.

Da fühlte er eine heiße, brennende Neugierde, den Mann zu sehen, in seine Augen zu sehen, den schwindenden Feuerwirbel . . . Er machte vorsichtig einen Schritt vorwärts, blieb stehen, schöpfte tief nach Athem, und mit einem Ruck packte ihn eine grauenhafte Angst, es kam ihm vor, als ob er einen Mord begangen hätte, seine Kniee zitterten, das Blut staute sich zum Herzen.

Er fing an zu gehen, bebend, als wäre jedes Glied selbstständig geworden, er ging unsicher, stolperte, wankte . . .

Plötzlich hörte er Schritte hinter seinem Rücken, er erinnerte sich mit einem Mal, daß er sie auch schon vorher gehört hatte, er wandte seine letzte Kraft an, fing an schneller und schneller zu gehen und schließlich sinnlos zu laufen. Seine Beine überstürzten sich. Er konnte nicht schnell genug wegkommen. Etwas riß ihn zurück. Er lief immer schneller, im Kopfe brauste und klopfte es: in nächster Sekunde würden alle Gefäße reißen . . .

In Schweiß gebadet, kam er in den Flur seines Hauses und stürzte auf der Treppe zusammen.

Wie lange er so lag, wußte er nicht. Als er wieder zur Besinnung kam, stieg er langsam und leise die Treppe hinauf, kam geräuschlos in sein Zimmer hinein und warf sich auf das Bett.

Plötzlich befand er sich wieder auf der Straße.

Er war sehr erstaunt. Er wußte gar nicht, wie er aus dem Hause kam. Die Thür war doch verschlossen. Er erinnerte sich nicht, daß er sie zugeschlossen hatte, aber auf die Handbewegung beim Umdrehen des Schlüssels konnte er sich sehr gut besinnen.

Er blieb nachdenklich stehen.

Er hatte doch sicher die Thür zugeschlossen . . . Sonderbar, sonderbar . . . Und da an der Ecke ein neues Haus. Daß er es nicht früher gesehen hatte! Er las auf der Front eine Inschrift mit riesigen Buchstaben: Trauermagazin . . . Er zuckte zusammen . . . Er brauchte wirklich nicht das Haus anzusehen. Dazu hatte er keine Zeit, nein, wirklich, gar keine Zeit. Er wunderte sich nur, daß er so plötzlich unruhig wurde. Warum denn so plötzlich? Ein Mann ging vorüber. Er hatte einen langen Rock, an dem der unterste Knopf fehlte. Das sah er ganz deutlich . . .

Nun kam er über einen großen Platz, auf dem viele Wagen hin und her fuhren, aber er sah keine Menschen und hörte auch nicht das geringste Geräusch, im Gegentheil: es war eine Todtenstille rings um ihn.

Es wurde ihm unheimlich zu Muthe. Eine namenlose Angst kroch unaufhaltsam höher und höher hinauf, von unten herauf, von den Wurzeltiefen seines Rückenmarks — Wurzeltiefen? Er wollte nachdenken, aber

die Angst paralysirte sein Denken: in seinem Gehirn
war ein wirbelnder, glühender Wirrwarr, um seine
Augen tanzte die Welt in Purpurflocken zerrissen . . .

Im nächsten Moment wurde er wieder ruhig.
Er ging schnell vorwärts, wohin ging er nur? wohin?

Da! Ja, da war die Straße zu Ende und nun
kam der Park.

Er zuckte heftig. Die Angst und das Fieber
schüttelten ihn, er konnte nicht weiter gehen, seine
Kniee wankten, und wieder flackerte die Welt vor
seinen Augen in Millionen kreisender, zerstiebender
Kugelfunken zerrissen.

Er wußte nicht, was mit ihm geschah. Er schloß
die Augen zu, aber es zwang ihn etwas hinzustieren,
deutlich auf einen Punkt, auf das Entsetzliche hin: da
lag Grodzki.

Jetzt empfand er keine Angst mehr, nur eine grau=
same Neugierde. Uebrigens sah er ihn nicht ganz deut=
lich, es war nur der Kopf da. Die Augen waren ge
schlossen und der Mund war offen. Er starrte lange
das Maskengesicht an, aber plötzlich wurde er rasend,
weil er fühlte, daß er sich nicht von der Stelle bewegen
konnte. Er versuchte qualvoll, die Hand hochzuheben,
es ging nicht. Nun mußte er alle Macht anwenden,
um niederzusinken und auf den Händen wegzukriechen.
Er konnte es nicht, er konnte auch nicht die Augen
wegwenden.

Eine wüste Verzweiflung fieberte in ihm. Es war
ihm plötzlich, als ob die Lider der Todtenmaske sich zu
einem Spalt öffneten und ihm boshaft zuzwinkerten.

Das war gräßlich!

Aber die Augen blinzelten deutlich, und nach und nach verzerrte sich der halboffene Mund zu einer scheußlichen Grimasse. Dann fühlte er, wie die eiskalte Hand seine Haut streifte, wie ihm die Leichenkälte über den ganzen Körper glitt . . .

Er fuhr auf wie von einem furchtbaren Stoß emporgeschnellt.

Er sah sich wirr um. Wo war er denn? Das war nur ein Traum . . . Das verfluchte Fieber!

Wenn es nur nicht wiederkäme. Die Angst zerrte an seinem Hirn. Er nahm mechanisch seinen Kragen ab. Der Hemdenknopf war heruntergefallen. Er suchte ihn mit einem seltsamen Eifer eine Zeitlang, er wurde immer eifriger und wüthender, suchte ihn überall umher, wühlte mit einer rasenden Gier mit den Händen auf dem Boden herum, kroch unter das Bett, suchte unter dem Schreibtisch, mit wachsender Wuth, in einem Paroxysmus von Verzweiflung warf er die Gegenstände umher und schließlich packte ihn eine Art Tollwuth. Er weinte und knirschte mit den Zähnen und riß den Teppich vom Boden. Da lag der Knopf. Nun war er zufrieden. Glücklich war er. Nie war er so glücklich gewesen. Er legte ihn behutsam auf den Schreibtisch, sah noch einmal zu, ob er wirklich da war und setzte sich mit unendlicher Befriedigung ans Fenster. Es war ganz hell.

Plötzlich kam er völlig zum Bewußtsein. Das war also wirklich ein starkes Fieber. Sollte er vielleicht Isa rufen? O nein, nein, sie würde sterben vor

Unruhe. Aber Morphium sollte er im Hause haben. Das war eine unverzeihliche Nachlässigkeit, daß er sich nicht damit versehen hatte . . .

Nun mußte er mit aller Energie wachen, daß er nicht bewußtlos würde. Diese gräßlichen Träume . . . Er stand auf und öffnete das Fenster, aber die Kräfte schwanden ihm — nur ein wenig Ruhe, ein ganz klein wenig. Er legte sich wieder auf's Bett.

Es wurde still. Tausend Lichter sah er auf den weiten Moortriften aufflackern und wieder verschwinden. Die Weiden am Wege stöhnten und ächzten, wie Sarkophagthüren, die auf alten verrosteten Angeln ruhen . . . Sarkophag? Nein, nein, durchaus kein Sarkophag — es hörte sich ja an wie ein ferner Eisgang, nein — wie Räderrollen auf fernen Wegen . . . Er horchte. Vom nahen Dorfe hörte er einen Hund bellen, ein Andrer antwortete ihm mit langer, winselnder Klage . . .

Plötzlich hörte er denselben langen, winselnden Laut sich hinter seinem Rücken wiederholen.

Sein Herz hörte auf zu schlagen.

Noch einmal, noch stärker . . . ein gräßliches, verhaltenes Schluchzen, dann wieder ein gellender Schrei . . .

Er drehte sich in krampfhafter Angstagonie um: es war nichts. Nichts war da, aber er fühlte es dicht hinter sich, er hörte es unaufhörlich winseln und schluchzen . . .

Eine wüste Raserei stieg in ihm hoch. Was willst Du? schrie er. Ich war es nicht! Ich bin nicht

Schuld! Ich war es nicht! schrie er sinnlos. Marit,
Marit, laß mich!

Aber da war es ihm, als würde er gepeitscht,
daß feurige Striemen über seinen Rücken hinabliefen.
Er schrie gellend auf und fing an zu laufen. Er mußte
es los werden, er mußte ... Aber der Boden war
nach den langen Regengüssen erweicht, er kam nicht
von der Stelle, dann versank er in einen tiefen Graben,
keuchend arbeitete er sich hoch, aber im selben Nu
fühlte er, daß ihn eine Faust von hinten packte, sie
riß ihn in den Schlamm zurück. Er tauchte unter, es
riß ihn nieder, er erstickte, der Schlamm goß sich ihm
in den Mund, aber im letzten Todeskampfe riß er sich
los, kroch heraus, und wieder fing er an zu laufen
und wieder fühlte er es dicht hinter sich winselnd,
schluchzend. Er wurde von Sinnen, seine Kräfte verließen ihn, er konnte nicht weiter, er konnte nicht weiter,
fuhr es ihm in grausiger Verzweiflung durch den Kopf.

Plötzlich blieb er wie angewurzelt stehen. Ein
alter Mann stand mitten auf dem Markte und starrte
ihn an. Er konnte den Blick nicht ertragen, er wandte
sich weg, aber wohin er nur blickte, sah er hundert
grausame, gierige Augen, die an seiner Seele fraßen,
an seinen Nerven zerrten, Augen, die Rache spieen und
ihn wie ein glühender Feuerkranz umstellten. Er duckte
sich, er wollte sich wegstehlen, aber überall waren diese
gierigen Augen, verzweifelt sah er vor sich hin und
sah den alten Mann — Marits Vater! Mörder!
schrie er ihm zu und mit einem Mal erhoben sich
hundert Fäuste, die auf ihn niederregnen und ihn tief

in den Boden einstampfen sollten . . . Mit einem
wahnsinnigen Sprung flog er über die Menge hinweg,
lief in sein Haus hinein, mit einem Satz sprang er
die Treppe hinauf und warf die Thüre in's Schloß.

Er wartete, dicht an die Wand gekauert. Eine
Weile verging. Es war wie eine Ewigkeit. Er hörte
sein Blut so heiß an den Schläfen klopfen, daß er
fürchtete, es könnte gehört werden und ihn verrathen.
Seine Kehle schnürte sich zu, immer enger, immer fester:
im nächsten Momente würde er nicht athmen können.
Nun verließen ihn die Kräfte ganz und gar. Seine
Zähne klapperten und er sank in die Kniee. Er kauerte,
er drückte sich an die Wand, noch enger, die Wand
mußte ihn sicher festhalten . . .

Es klopfte.

Er schrak hoch. Seine Zähne klapperten hörbar.

Das war Marit! Das war sicher Marit!

Es klopfte noch einmal.

Eine Ewigkeit verging.

Da sah er, wie sich die Thür langsam zu öffnen
begann. Ein wahnsinniger Schreck steifte seine Glieder,
er warf sich mit seinem ganzen Körper gegen die Thür,
er stemmte sich gegen sie mit der letzten Verzweiflungs-
kraft, aber er wurde immer weiter weggeschoben, die
Thür öffnete sich wie von selbst, mit gräßlichem Entsetzen sah er die Spalte größer und größer werden,
und da sah er zwei furchtbare Augen, in denen ein
Wahnsinnsschmerz geronnen war.

Falk stieß einen kurzen, gellen Schrei aus.

Vor ihm stand ein fremder Mann.

War es eine neue Vision? War es Wirklichkeit? Ich
bin wohl verrückt geworden! fuhr es ihm wie ein Blitz
durch den Kopf. Aber zufällig erblickte er den Hemdenknopf auf dem Schreibtisch. Es war keine Vision . . .
Ein Besuch also. Er stieg vom Bett herab, setzte sich
in den Lehnstuhl und starrte ängstlich den Fremden
an, der ihn mit einer kranken Ruhe betrachtete.

Sie sahen sich eine lange Zeit an, es vergingen
wohl zwei Minuten.

— Kamen Sie daher? brachte Falk mühsam hervor und zeigte auf die Thür.

Der Fremde nickte.

Falk grübelte, eine Erinnerung schoß ihm durch
den Kopf.

— Ich habe gestern in dem Restaurant mit Ihnen
gesprochen?

— Ja. Sie kennen mich nicht. Aber ich kenne
Sie. Ich habe Sie öfters gesehen. Verzeihen Sie,
daß ich Sie so überrumple, aber ich muß mit Ihnen
sprechen . . . Ich glaube, Sie haben einen schweren
Traum gehabt. Ich kenne es, in der letzten Zeit ging
es mir ganz ebenso . . . Sie schrieen auf, natürlich,
wenn man so plötzlich aufwacht . . . Sie sind nämlich
ein sehr nervöser Mensch und so sagte ich mir, ich
muß Sie anstarren, dann werden Sie gleich aufwachen.
Sie wissen vielleicht, daß nervöse und kurzsichtige
Menschen durch festes Anstarren aufgeweckt werden.
Nun scheinen Sie nicht kurzsichtig zu sein, folglich
müssen Sie sehr nervös sein. Ich habe Sie höchstens
zwei Sekunden angestarrt. Ich habe es übrigens gleich

gestern gemerkt, als Sie mich fragten, ob ich Sie ver=
haften wollte. Sie ließen mich gar nicht zu Worte
kommen. Ich suchte Sie allerdings eine ganze Zeit,
aber gestern war es ganz, ganz zufällig, daß ich
Sie traf.

— Wie sind Sie denn hier hineingekommen?

— Die Korridorthür war offen, hier klopfte ich
auf's Gerathewohl, und als Niemand antwortete, trat
ich ein. Ich habe Sie nämlich oft gesehen. Ein
Mann hat viel von Ihnen gesprochen. Ich habe Sie
ein paar Mal in seiner Gesellschaft gesehen.

— Aber was wollen Sie, was wollen Sie von
mir, schrie Falk ihm wüthend zu.

Der Fremde schien von seiner Aufregung keine
Notiz zu nehmen.

— Ich habe sehr viel über Sie gehört. Der
Mann hat übrigens meine Frau verführt, nein, ver=
zeihen Sie, man verführt nicht Frauen, ich glaube, daß
man von den Frauen verführt wird.

— Was wollen Sie? schrie Falk fast besin=
nungslos.

Wieder sah ihn der Fremde mit demselben ruhigen
Blick eine Zeitlang an.

— Unterbrechen Sie mich nicht, Herr Falk . . .
Nein, nein, man verführt nicht die Frauen. Ich habe
nämlich da eine eigene Theorie . . . Der Mann ist eine
Laus, ein Sklave des Weibes, und der Sklave verführt
nicht die Herrin.

— Es giebt genug Kutscher, die mit ihren Her=

rinnen Kinder gezeugt haben, warf ihm Falk mit bos-
haftem Hohn zu.

Der Fremde schien es zu überhören.

— Das Weib hat den Mann geschaffen . . . Das
Weib war das Erste . . . Das Weib hat den Mann
gezwungen, seine Kräfte weit über sich hinaus zu entwickeln, sein Gehirn über sich selbst auszubilden . . .

Er verwirrte sich plötzlich und sah Falk mit irrem,
unbeholfenem Lächeln an.

— Sehen Sie, sagte er nach einer Weile und
lächelte geheimnißvoll, wozu nahm wohl der Urmensch
zum ersten Mal die Keule in die Hand? Doch nur im
Kampfe um das Weibchen, doch nur um seinen Rivalen
todtzuschlagen. Nicht wahr?

— Nein, es ist nicht wahr, sagte Falk barsch.

— Nun, Sie werden natürlich sagen, daß er im
sogenannten Kampf ums Dasein die Keule geschwungen
hat . . . Nein! Sie irren. Der Kampf ums Dasein
kam erst, als es sich darum handelte, das Geschlecht
zu befriedigen . . . durch das Mittel des Geschlechtes hat
die Natur dem Menschen erst klar gemacht, daß es
sich lohnt, überhaupt zu leben und den Kampf ums
Dasein aufzunehmen.

Er wurde plötzlich sehr blaß und unruhig.

— Aber ich kam nicht, um Ihnen meine Theorien
zu entwickeln. Es ist etwas Anderes, etwas ganz
Anderes.

Er sah sich scheu um.

— Ich will Ihnen etwas sagen, nur Ihnen allein,
weil Sie einen so außerordentlichen Eindruck auf mich

gemacht haben, gleich das erste Mal, als ich Sie sah.
Der Mann, der meine Frau . . . den meine Frau ver
führt hat, sagte mir auch so außerordentliche Dinge
von Ihnen.

Falk wurde sehr ungeduldig. Er verstand kaum
die Hälfte von seiner Rede. Er fühlte abwechselnd
Hitze und Kälte in seinem Körper. Zu Zeiten glaubte
er, der Ohnmacht nahe zu sein.

— Beeilen Sie sich: ich bin krank. Ich habe ein
starkes Fieber.

Der Fremde sah ihn mit einem seltsamen Lächeln an.

— Ich kenne es, ich kenne es sehr genau. Ich
habe es in der letzten Zeit sehr schlimm gehabt.

Plötzlich wurde er noch blasser, er wurde ganz
grün im Gesichte und rückte Falk ganz nah'.

— Es sagte mir, daß ich zu Ihnen kommen solle,
um Sie glücklich zu machen. Heute, als Sie mir weg-
liefen . . .

Falk lief ein kalter Schauer über den Rücken.
War es wirklich eine Vision? Eine rasende Angst befiel
ihn, als er die Augen des Fremden unablässig auf
sich gerichtet sah.

— Wie? Was — was meinen Sie?

— Ich will Sie glücklich machen.

Er schwieg und schien tief nachzugrübeln.

Falk sah ihn zerstreut an. Da trat ihm kalter
Schweiß auf die Stirn, er begann zu zittern. An
dem Rock des Fremden fehlte der unterste Knopf. Wo
hatte er den Mann gesehen? Gestern, ja gestern . . .
Aber dann war es doch nur im Traum, im Fieber.

Der Fremde schien nach Ausdruck zu ringen.

— Kennen Sie, Herr Falk, ein Gefühl der Ruhe? Nein, Sie kennen es natürlich nicht ... Es ist eigentlich keine Ruhe ... es ist ein Gefühl von einer solch absoluten Harmonie ... Man fühlt keinen Schmerz, man fühlt auch keinen Körper mehr; man ist erlöst von allem Körperlichen. Man versinkt in etwas Unendlichem. Die Räume haben sich geweitet: die Meilen werden zu Millionen von Meilen, die erbärmlichsten Hütten werden zu Palästen ... Sie wissen nicht mehr, wo Sie sich befinden, Sie kennen keinen Weg und keine Richtung ...

Seine Augen glänzten in einer verzückten Ekstase.

Wieder fühlte Falk langsame, kalte Schauer über seinen Rücken laufen.

— In einer Sekunde können Sie Jahrhunderte überleben, auf einem Stück Erde können Sie tausend Städte sehen — oh, und die glückliche Pracht, die Pracht!

Seine Augen wurden mit einem Mal ganz starr und sein Gesicht verzerrte sich schmerzhaft.

— Anfangs fühlte ich eine unmenschliche Angst ... Wenn der Boden plötzlich unter mir zu wanken begann, wenn ich mich plötzlich in fremde Städte versetzt fühlte, da kam es vor, daß ich mich mitten auf der Straße auf die Kniee warf und die Vorübergehenden anflehte, sie sollten mich festhalten. Ich bat sie, mich nur an dem Saume ihrer Kleider festhalten zu dürfen ... Oh, es waren schwere Zeiten der Prüfung.

— Leiden Sie an Epilepsie? fragte Falk erschüttert.

— Nein, nein... der Fremde lächelte irrsinnig. Ich bin nicht krank. Ich bin glücklich. Und ich kam, um Ihnen das Glück zu bringen, Ihnen allein, weil Sie auf mich diesen außerordentlichen Eindruck gemacht haben, und weil Sie der Freund von ihm waren ...

Er rückte den Stuhl noch näher an Falk, so daß er ihm ins Ohr flüsterte.

— Es ist schwer, sehr schwer, aber versuchen Sie es nur. Jagen Sie alle Gedanken weg. Alle, alle! Sie sind die mächtigste Stütze des Geistes, der nicht glauben will, des Geistes, der ewig zweifelt. Jagen Sie Alles vom Gehirne weg, daß Sie vom Zweifel rein bleiben, dann setzen Sie sich hin und sammeln sich, daß die Kräfte des ganzen Organismus auf einen Punkt zusammenströmen, daß Sie sich nur als einen Punkt fühlen, ein zitterndes Atom im Weltenraum ... Warten Sie dann lange, geduldig ... Dann kommt es plötzlich über Sie, wie ein gräßliches Chaos kommt es über Sie, einen Abgrund werden Sie sehen, furchtbare Gespenster kriechen aus allen Ecken hervor.

Seine Augen rissen sich unnatürlich weit auf.

— Gräßliche Stimmen werden Sie hören, die Wände werden körperlich und werden auf Sie zuschreiten, um Sie zu zerquetschen ... Qualen werden Sie erleben, wogegen die menschliche Qual eine Freude, ein Genuß ist ... Auf einmal verschwindet Alles ... Etwas führt Sie hinaus, das ganze Leben strömt vor den Augen in einer unendlichen Klarheit ... es giebt kein Räthsel mehr, kein Geheimniß — man kann in der Seele eines Anderen lesen, wie in einem offenen Buch . . .

Warum kommen Sie gerade zu mir damit, warum? flüsterte Falk.

Der Fremde hörte seine Frage nicht.

— Es giebt dann keine Qual mehr, fuhr er fort, keinen Schmerz, keinen Haß. Ich liebe den Mann, der mir das Weib genommen hat, ich bin ihm nachgegangen mit Ihnen zusammen, ich wollte ihn retten, aber im Augenblicke des Todes darf man nicht stören . . .

Falk fuhr es nun wie ein Blitz durch den Kopf. Es wurde ihm Alles klar. Er erzitterte heftig und hielt sich an der Lehne fest, um nicht umzusinken.

— Der Mann hat sich heute erschossen! schrie er heiser.

Der Fremde lächelte seltsam.

— Ja, sagte er nach einer Weile.

Falk kam ganz außer sich.

— Was wollen Sie von mir? stammelte er fast bewußtlos.

— Sie haben seinen Tod verschuldet, Falk. Er war wie Wachs in Ihren Händen, Sie waren sein Gott, und Sie haben seine Seele zerstört. Sie haben ihn zum Verbrecher gemacht an sich und an Anderen. Hören Sie auf mich, folgen Sie mir . . .

— Ich habe es nicht gethan! Kann ich etwas dafür, daß er an seiner Ausschweifung zu Grunde ging?

Der Fremde sah ihn streng an.

— Oh, wie Ihr Herz verstockt ist . . . Sie wissen gut, was Sie mit ihm gethan haben. Warum sind

Sie so bleich, warum zittern Sie? Er liegt auf Ihrem Gewissen.

— Wer, wer?

— Grodzki, sagte der Fremde leise.

Falk stöhnte qualvoll auf, und sein Kopf sank ihm auf die Brust. Aber plötzlich kam er ganz von Sinnen, er richtete sich auf und schrie:

— Ich bereue es nicht. Ich will die ganze Welt verderben und zerstören. Ich lache über Ihre mystischen Offenbarungen. Ich brauche sie nicht. Ich brauche kein Glück. Ich spucke auf das Glück. Ich bereue, daß ich zu wenig zerstört und verdorben habe, verstehen Sie mich?

Er stutzte plötzlich.

Der Fremde war ganz wie verwandelt. Seine Augen drückten eine unheimliche Furcht aus. Sie liefen unstät herum.

— Der Geist des Bösen! der Geist des Bösen! wiederholte er mit zitternden Lippen.

Mit einem Male wurde sein Gesicht klar und seine Stimme mild.

— Sie sind krank, Falk, ich will Sie nicht stören. . . . Ich bin Ihnen nachgegangen, ich hatte Angst um Sie, wie Sie da an der Ecke standen und zitterten und auf den Schuß warteten.

Wieder wurde er unruhig. Er neigte sich weit zu Falk vor, seine Stimme zitterte heftig.

— Ich . . . ich . . . er stammelte mühsam . . . bin Ihnen gefolgt. Sie saßen lange mit ihm zusammen . . .

hat er nicht über mein Weib gesprochen? . . . Er hat
sie verlassen . . . sie geht zu Grunde.

- Nichts, nichts hat er mir gesagt . . . gehen Sie
nur! Sie tödten mich . . . gehen Sie doch!

Falk fühlte, daß er sich nicht länger halten könnte.

— Sie sind so krank, Falk, so krank . . . Er ging
langsam zur Thüre hinaus.

Falk hörte und sah nichts mehr. Ein Schwindelgefühl erfaßte ihn, die Stube fing an sich um ihn zu
drehen, er sank und fiel in Ohnmacht.

## XI

Er wachte auf. Ja, wirklich? Er hörte deut
lich eine Melodie: tiefe, mystische Baßmelodie und wie
ein fernes Echo ein Ton und wieder ein Ton, ver-
einzelt, winselnd im Diskant. Seine ganze Seele warf
sich in diese heilige Melodie und saugte sich an ihr
fest und wand sich an ihr empor, kroch zusammen und
weitete sich mit neuer Kraft: es that so unendlich wohl.
Es war ihm, als hätte sich alles Schwere, alles Dumpfe
und Furchtbare in seiner Seele aufgelöst, langsam auf=
gelöst und würde nun zu dem Wesen, zu der irren,
weichen Sehnsucht dieser Töne . . . Nie hatte er eine
so weiche, selige Sehnsucht empfunden.

Es war wohl Nacht. Er wagte nicht die Augen
aufzumachen, es war so unendlich gut, diese Sehnsucht
zu fühlen. Es war Nacht, und er hatte eine selige,
freudige Sehnsucht nach dem morgigen Tag, dem heißen,
kurzen, farbenbrünstigen Herbsttage. Es regnete wohl
auch draußen, aber morgen, morgen kommt die Sonne
und wird den Regen aufathmen und an den Blättern
weiter fressen: oh, dies herrliche kranke Purpurgelb . . .

War er wach, war er es wirklich?

Noch immer hörte er die Melodie, immer weicher,

immer trauriger, und er lag da, aufgelöst in dieser
Sehnsucht, aufgelöst in diesem Schmerze, der eigentlich
kein Schmerz war — nein: ein Zurückfluthen, eine
weichende Erinnerung, ein irres Sehnen nach fremden,
weiten Ländern, nach einer großen, orgiastischen Natur,
in der jede Blume zu einem Riesenbaum auswächst,
jeder Berg sich in den Wolken verbirgt und jeder Fluß
uferlos schäumt und rast . . .

Da fing sein Herz heftig zu schlagen an. Er
faßte es mit beiden Händen fest . . . Ja, hier, hier
zwischen der fünften und sechsten Rippe fühlte er den
Herzschoc — er fühlte die Herzspitze zuerst gegen die
flache Hand schlagen, dann gegen zwei Finger, er drückte
zuletzt seinen Zeigefinger gegen die Stelle fest . . . Wie
das arbeitet! Ob Grodzki wohl zuerst sein Herz auf
diese Weise betastet hatte?

Er setzte sich im Bett zurecht und stützte seinen
Kopf in beide Hände.

Grodzki hat sich erschossen . . . Das war, was
er ganz sicher wußte. Er hat sich erschossen, weil er
sterben wollte. Er starb mit Willen, er starb am Ekel,
er wollte nicht mehr den jungen Tag sehen und das
kranke Purpurgelb.

Aber wozu denn sollte er darüber nachdenken?
Sollte er diese selige Harmonie in seiner Seele wieder
zerstören? Aber was sagte der fremde Mann? Falk,
Falk, Sie kennen nicht diese Harmonie: das geht über
alle Ruhe, über alles Heilige, über alle Seligkeit hin=
aus . . . Aber der Mann war ja verrückt.

Falk erschauerte, deutlich sah er die irren Augen

des Fremden. Er wühlte krampfhaft mit den Fingern
in der Decke. Die Angst packte ihn von Neuem, aber
im nächsten Momente wurde er ruhig.

Es war kein Zweifel, daß er nun endlich zum
Bewußtsein gekommen war:

Er war also im Lehnstuhl ohnmächtig geworden,
als der Fremde sich von seinem Zimmer wegstahl, nun
war er im Bett, also mußte er ins Bett getragen wor=
den sein. Ja, und der Knopf? Der goldene, blinkende
Knopf lag wirklich auf dem Schreibtisch . . . Er war
also wach und bei vollem Bewußtsein.

Er fühlte eine ganz unmittelbare, thierische Freude.

Dann fiel er wieder in die Kissen zurück und lag
lange Zeit wie in Ohnmacht.

Als er wieder zu denken begann, war er aus dem
Bett gestiegen und fing sich an anzukleiden. Aber er
war doch sehr schwach. Halbangekleidet legte er sich
wieder auf's Bett und starrte gedankenlos auf die Decke.

Lächerlich, wie schludrig die Decke bemalt war!
Der Haken für die Hängelampe sollte eigentlich in der
Mitte sein. Nun gut. Die Decke ist ein Parallelo=
gramm. Nun zieh' ich die Diagonalen.

Er wurde ganz wüthend.

Lächerlich! Das war durchaus nicht der Schnitt=
punkt. Das ganze Zimmer war ihm widerwärtig. Er
war eingesperrt in diesem engen Raum mit seiner
dumpfen Qual, und draußen war die Welt so weit...

Wieder empfand er die heiße Sehnsucht, nur weit,
weit weg — auf den Stillen Ocean.

Ja, den Stillen Ocean! Das war die Erlösung.

Das war die Erlösung zur ewigen Ruhe, zur ewigen Harmonie ohne Qual, ohne Freude, ohne Leidenschaften . . .

Wie zitterte damals sein junges Herz! Seine Glieder wurden so schwach von der beständigen Angst. Rings um die Kirche auf dem Rasen sah er Menschen, viele Menschen, die auf den Knieen lagen und Gott um Gnade anflehten, er sah sie an, sein Herz schlug immer heftiger, seine Unruhe wuchs, die Sünde brannte auf seinem Herzen wie ein Feuermal. Nun sollte er beichten, einem fremden Menschen die schändliche Scheußlichkeit erzählen . . . Und in seiner verzweifelten Seelenangst nahm er das Gebetbuch und las fünf-, sechsmal mit zitternder Innbrunst die Litanei an den heiligen Geist. Und ein Friede kehrte in sein Herz ein, ein heiliges, verklärtes Verzücken, seine Seele wurde rein und weit wie der heiße Mittag um ihn her. Nun mußte er hinein in die Kirche. Da packte ihn Angst. Hat man nicht um die Mittagszeit einen schwarzen Reiter auf einem schwarzen Hengst sich in der Kirche tummeln gesehen? . . . Er schlich vorsichtig an die Sakristeithür . . . Er horchte, dann öffnete er langsam die schwere Thür und taumelte im thierischen Schreck zurück: vor ihm stand der Fremde. Sie haben seine Seele zerstört! sagte er feierlich . . .

— Ich träume! Ich träume! schrie Falk, wachte auf und sprang aus dem Bett.

Isa fuhr auf.

— Ich bin es', Erik, ich bin es, kennst Du mich nicht?

Falk starrte sie eine Weile an, dann atmete er tief auf.

— Gott sei Dank, daß Du es bist!

— Sag', sag', Erik, was fehlt Dir? Fühlst Du Dich sehr krank? Ist Dir besser? Ich hatte so entsetzliche Angst um Dich.

Falk nahm sich mit aller Kraft zusammen.

Zum Donnerwetter! Sollte er nicht das Bischen Krankheit überwinden, sollte er nicht endlich einmal seine kleinen, lächerlichen Schmerzen vergessen können? fuhr es ihm durch den Kopf.

— Ich bin gar nicht mehr krank, sagte er fast munter. Ich hatte nur ein wenig Fieber, das blieb von damals, — he, he, in der Heimath hab' ich mir das Fieber geholt, nichts weiter.

Sein Kopf wurde plötzlich ungewöhnlich klar.

Du bist krank, Erik, Du bist es. Dein Körper glüht. Leg' Dich, ich bitte, leg' Dich. Heute Morgen lagst Du auf dem Boden. Der Arzt sagte, Du sollst ein paar Tage liegen . . .

Er wurde ein wenig ungeduldig.

— Aber so laß mich doch . . . Ich war schon seit lange nicht so klar und so leicht, wie gerade jetzt. Die Aerzte sind Idioten, was wissen sie von mir? He, he, — von mir . . .

Er zog sie an sich. Sein Herz wurde plötzlich überfüllt von einer überströmenden Herzlichkeit und Liebe zu ihr.

— Wir werden einen wunderbaren Abend heute haben, Du bringst Wein, dann setzen wir uns hin und

werden uns die ganze Nacht erzählen ... Erinnerst
Du Dich, ganz wie damals in San Remo auf unserer
Hochzeitsfahrt.

Sie sah ihn an.

— Ich habe niemals einen Menschen gesehen, der
so stark wäre, wie Du. Das ist ganz sonderbar, wie
stark Du bist ...

— Ich lag also auf dem Boden?

— Du kannst Dir nicht denken, was das für ein
Aufruhr im Hause war ...

— Nun, geh' nur jetzt, nachher wirst Du mir
Alles erzählen ...

— Aber war nicht ein fremder Mensch hier? fragte Isa.

— Ein Fremder? Nein!

— Dann hab' ich wohl geträumt.

— Sicher.

Sie ging.

Falk kleidete sich an.

Natürlich hast Du geträumt, theure Isa, Du hast
überhaupt sonderbare Träume.

Er lächelte zufrieden.

Er überlegte, ob er Frack und weiße Kravatte
nehmen sollte. Es war doch das große Fest des Frie-
dens, das Fest der Ruhe, der ewigen Harmonie.

Er war im Zustande eines triumphirenden Ent-
zückens.

Jetzt endlich hab ich mich gefunden, Mich selbst,
Mich — Gott.

War er noch krank? Seine Gedanken waren er-
hitzt. Die innere Aufregung schäumte zitternd empor...

War es vielleicht nur ein Augenblick einer physischen Reaktion nach all dieser Qual und Angst?

Was ging ihn das an? Er hatte jetzt Alles vergessen. Sein Körper reckte sich in dem Gefühl einer lange nicht gekannten Seligkeit und Energie.

— Ach, Isa, bist Du schon hier?

— Du machst da seltsame Turnübungen.

— Ich vertreibe die Krankheit. Aber etwas zu essen . . .

— Ja, komm' nur in's Speisezimmer.

Er aß etwas, aber ohne besonderen Appetit.

— Ich bin wie neugeboren, Isa, ganz wie neugeboren. So verjüngt. Ich habe viel gelitten. Nein, nein, versteh' mich doch recht, ich habe kein persönliches Leiden gehabt, nur der ganze Jammer da draußen lastete auf mir und machte mich so elend . . .

Sie sah ihn jubelnd an.

— Sonderbar, sonderbar . . . der Arzt sagte doch, Du werdest mindestens drei Tage liegen, und ich habe lange schon nicht diesen Ausdruck von Kraft und Energie in Deinem Gesichte gesehen. Du bist anders wie alle Menschen.

— Ja, ja, das ist die neue Kraft. Trink, trink mit mir . . . Ich war so wenig mit Dir zusammen . . . Trink das ganze Glas aus.

Sie tranken aus und Falk füllte die Gläser von Neuem.

Er setzte sich neben sie hin, nahm ihre beiden Hände und küßte sie.

— Wir sprachen schon lange nicht zusammen, sagte er.

— Jetzt ist Alles gut, nicht wahr? fragte sie zärtlich.

— Es wird gut werden. Wir reisen von hier weg ... Was denkst Du über Island?

— Ist das Dein Ernst? Du machst so viele neue Pläne ...

— Diesmal ist es mein Ernst, weil es eben kein Plan ist. Es fiel mir ein heute, gestern, ich weiß eigentlich nicht wann, aber ich muß von hier weg.

Isa strahlte. Sie wollte es ihm nicht sagen, aber sie fand es unausstehlich in dieser langweiligen Stadt.

— Denk, so ein kleines Fischerhaus am Meer. Nicht wahr? Wundervoll! Und die Herbstnächte, wenn die Wellen diese furchtbare Ewigkeitsmusik am Strande spielen. Aber Du wirst Dich nicht langweilen?

— Hab' ich mich jemals mit Dir gelangweilt? Ich brauche keinen Menschen, nichts, gar nichts brauch ich, wenn ich Dich nur habe.

— Aber ich werde oft weg sein von Dir, sehr oft. Ich werde mit den Fischern auf ganze Nächte hinaus= fahren, ich werde in die Berge gehen. Und wenn wir zusammen sind, werden wir im Gras liegen und den Himmel anstarren ... Aber trink, trink doch ... Oh, Du kannst nicht mehr so trinken wie früher.

— Sieh doch! Sie trank das Glas leer.

— Und in dieser Zweisamkeit: Du und ich, und Du ein Stück von mir, und wir beide eine Offenbarung der immanenten Substanz in uns ... Er stand auf. Isa! wir werden den Gott suchen, den wir verloren haben.

Sie war wie hypnotisirt.

— Den Gott, den wir verloren, wiederholte sie halb unbewußt.

— Du glaubst nicht an Gott? fragte er plötzlich.

— Nein, sagte sie nachdenklich.

— Du glaubst nicht, daß man ihn finden kann?

— Nein, wenn man ihn nicht in sich hat.

— Aber das meine ich eben: Gott finden, das heißt Gott fühlen, ihn in jeder Pore seiner Seele fühlen, die unmittelbare Gewißheit haben, daß er da ist, die wilde übernatürliche Macht besitzen, die das Gottesgefühl giebt.

— Willst Du einen anderen Gott suchen, einen Gott außerhalb? Wozu willst Du diesen Gott? Ich will ihn nicht. Ich brauche ihn nicht. Ich habe die unmittelbare Gewißheit des Gottgefühles, ich fühle ihn, so lange Du da bist. Ich brauche nichts Höheres . . . Und ich will ein solches Gefühl auch nicht bei Dir dulden. Ich gehe dann nicht mit.

Er sah sie lange an.

— Wie Du jetzt schön wurdest. Als wäre ein Licht plötzlich in Dir aufgeblüht . . .

Mit einem Mal verlor er das Gleichgewicht und kam in eine seltsame Begeisterung.

— Ja, ja, ich meine den Gott, der Du und Ich ist. Ich meine das heilige, große Mein=Du! Weißt Du, was mein Du, mein dunkles Du ist? Das ist Jahveh, das ist Oum, das ist Tabu. Mein Du, das ist die Seele, die sich niemals im Gehirn prostituirt

11*

hat. Mein Du, das ist die Festtagsseele, die selten über mich kommt, einmal vielleicht, wie der heilige Geist nur einmal über die Apostel kam. Mein Du, das ist meine Liebe und mein Verhängniß und mein Verbrecher= wille! Und meinen Gott finden, das heißt: dies Du erforschen, seine Wege kennen lernen, seine Absichten verstehen, um nicht mehr das Kleine, das Niedrige, das Ekelhafte zu thun.

Isa wurde hingerissen. Sie faßten sich heftig an den Händen.

— Und Du willst mich lehren, es in mir zu finden und zu erforschen?

— Ja, ja . . . Er sah sie an, als hätte er sie nie vorher gesehen.

— Und Du wirst in mir sein?

— Ja, ja . . .

— Ich bin Dein, Deine Sache und Dein Du . . . Bin ich es?

— Ja, ja . . . Er fing an, zerstreut zu werden.

— Wir sind arm, Isa, sagte er nach einer Weile, ich habe das ganze Vermögen verloren.

— Wirf auch den Rest weg, schrie sie ihm lachend zu und warf sich ihm an die Brust.

Angst stieg plötzlich in ihm auf.

— Du, Du — wenn es morgen vorüber ist? Ich habe ein solches Mißtrauen zu mir.

— Dann werd' ich Dich mitziehen.

— Aber ist es vielleicht nicht nur eine Ueber= müdung, eine überreizte Stimmung, die uns in diese Ekstase peitscht?

Er fuhr auf.

— Ich lüge, ich lüge, sagte er plötzlich heiser, ich habe zu viel gelogen . . . Jetzt . . .

Er brach ab. Der Gedanke, ihr jetzt Alles zu sagen, Alles haarklein zu erzählen, fuhr ihm durch den Kopf und wuchs zu einer großen, maniakalischen Idee aus.

— Isa! Er sah sie an, als wollte er sich in den Grund ihrer Seele hineinbohren . . . Isa! wiederholte er, ich habe Dir etwas zu sagen.

Sie fuhr erschreckt auf.

— Kannst Du mir Alles, Alles verzeihen, was ich Böses gethan habe?

Das Geständniß drängte sich mit unwiderstehlicher Macht über seine Lippen. Jetzt könnte er es nicht mehr zurückhalten. Er faßte ihre Hände.

— Alles? Alles?!

— Ja, Alles, Alles!

— Und, wenn ich das Eine wirklich gethan hätte?

— Was? Sie wich entsetzt zurück.

— Dies . . . mit einem fremden Weib.

Sie starrte ihn an, dann schrie sie mit einer unnatürlichen Stimme auf:

— Quäl' mich nicht!

Falk kam augenblicklich zur Besinnung. Er fühlte Schweiß über seinen ganzen Körper rinnen.

Sie sprang auf ihn zu und stammelte zitternd:
— Was? — Was?

Er lächelte eigenthümlich mit einer überlegenen Ruhe.

Im selben Nu bemerkte Jja, daß er leichenblaß wurde, und daß sein Gesicht zuckte.

— Du bist krank!

—— Ja, ich bin krank, ich habe meine Kräfte überschätzt.

Er sank im Sopha zusammen und in einem wilden Wirbelstrom fuhren die Erlebnisse der letzten Tage durch den Kopf. Er sah Grodzki:

— Man muß es mit Willen thun können!

## XII

— Jetzt mußt Du zu Geißler gehen und mit ihm Alles ordnen, dann können wir übermorgen fahren.

Falk stand nachdenklich eine Weile.

— Ja, ja . . . wir werden gleich fahren.

Er lächelte zerstreut.

— Du hast ihn doch sehr lieb, fragte er plötzlich.

— Wen?

— Nun, Geißler natürlich. Wenn mir ein Unglück zustoßen sollte, könntest Du ihn heirathen, nicht wahr?

Er sah sie lächelnd an.

— Stirb' erst, dann werden wir zusehen, scherzte Isa.

— Nun, dann auf Wiedersehen.

— Aber komm nicht wieder so spät. Ich hab jetzt solche Angst um Dich. Denk' an mich: ich werde verrückt vor Unruhe, wenn Du heute wieder lange ausbleibst.

— Nein, nein, ich komme bald.

Er trat auf die Straße.

Es war gerade Feierabend, die Arbeiter strömten in großen Schaaren aus den Fabriken.

Aengstlich bog er in eine Seitengasse. Es war

überhaupt sonderbar, was ihm jetzt Alles zur Angst
wurde: sein Herz war in fortwährender Fieberthätigkeit.

Hörte er ein Geräusch an der Thür, so zuckte er zu=
sammen und konnte sich lange nicht beruhigen: er hörte
den kleinen Janek schreien und fuhr in höchster Angst
auf: er konnte sich lange nicht besinnen, daß er einen
Sohn hatte, nein, nun hatte er sogar zwei: den kleinen
Janek und den kleinen Erik, zwei süße, wunderbare
Kinder . . .

Oh, dieses prachtvolle Vateridyll! Wenn es nur
nicht so unendlich komisch wäre.

Er ging nachdenklich die leere Straße entlang.

Die Vorgänge der letzten Tage schwirrten ihm
durch den Kopf und verschwammen zu einem Gefühl
von einer unsäglichen Traurigkeit. Es war ihm, als
müßte er ersticken: er athmete tief und schwer.

Was würde es auch nützen, wenn er fliehen würde?
Nicht reisen, nur fliehen, fliehen, damit seine Lügen
nicht entdeckt würden? Er konnte nicht mehr mit all
den ekelhaften Lügen leben, jetzt konnte er auch nicht
mehr Isa ruhig in die Augen sehen: ihr Vertrauen,
ihr Glauben quälte ihn, demüthigte ihn, er fühlte Ekel
vor sich selbst, qualvolle Scham, daß er sich am liebsten
hätte anspucken mögen.

Sonderbares Weib, diese Isa. Ihr Glauben hat
sie hypnotisirt. Sie geht wie eine Somnambule. Sie
sieht nichts, sie ahnt kaum, daß er leidet. Das Er=
wachen wird gräßlich sein. Es geht ja nicht weiter:
ihr Glaube wird jetzt doch früher oder später gebrochen
werden.

— Also bin ich ein doppelter Verbrecher. Ich habe die Ehe gebrochen und ihre Bedingung, den Glauben gebrochen. Eigentlich bin ich nur ein Verbrecher an mir selbst, denn ich habe die Wurzeln meines Daseins zerschnitten. Ich kann doch nicht ohne Isa leben. Wie ich auch denke und überlege: es geht nicht. Und weil ich Ich bin, weil ich also Gott bin, denn Gott ist jeder, der Alles um sich zu seiner Sache macht — und Alles um mich ist meine Sache —, so hab' ich mich gegen Gott verbrochen, also ein Sakrileg begangen.

Er sprach es halblaut mit tiefem Nachdenken vor sich hin, merkte es plötzlich und stutzte.

Sein Ernst konnte das nicht sein, er kannte ja kein Verbrechen. Nein, was er auch über seine Helden=thaten denken mochte, der Begriff des Verbrechens ließ sich nicht herauskonstruiren. Das Verbrechen postulirt einen Gemüthszustand, der eben keine Gemüthlichkeit ist . . . He, he, he, Gemüthlichkeit! — ich wollte eigentlich sagen Herzlosigkeit. Nun, weiß der Teufel, alles Andere bin ich eher, als herzlos. Ich habe ja mehr Mitleid in mir, als unsere ganze Zeit zusammen= genommen. Also bin ich kein Verbrecher.

Er verlor sich in die subtilsten Untersuchungen.

— Aber vielleicht ist jetzt ein Gefühlszustand in Bildung, der früher nicht existirte, und für den etwas als Verbrechen gilt, das früher durchaus kein Verbrechen war. Ein Gefühl des Vergehens gegen zivilisatorische Entwickelungen, z. B. gegen Monogamie.

Sein Gehirn war aber so ermattet, daß er den Gedanken nicht weiter verfolgen konnte: es war ja auch

gleichgiltig; das Gehirn mit allen seinen Advokaten-
künsten war ja doch ganz machtlos gegen das Gefühl.
Wozu denn da weiter nachzugrübeln?

Er bekam plötzlich die sichere, unmittelbare Gewißheit, daß nun Alles vergeblich sei, was er auch thue,
daß das Furchtbare jetzt sicher, unabwendbar, mit eiserner
Nothwendigkeit über ihn hereinbrechen werde.

Er erschauerte und seine Kniee wurden schwach.
Er sah sich um: keine Bank in der Nähe.

Mühsam und verzweifelt schleppte er sich weiter.

Sein Gehirn wurde nun ganz zerstreut, er vermochte es nicht mehr zu konzentriren. Dafür sah er
mit unheimlicher Deutlichkeit die geringsten Details.
So sah er, daß an einem Schilde ein Buchstabe schief
hing, daß an einem Gitter die Stange nach auswärts
verbogen war, daß ein Vorübergehender den charakte-
ristischen Gang eines Menschen hatte, dessen Stiefel
schlecht passen.

Sein Gehirn erschöpfte sich in diesen Kleinigkeiten.

Plötzlich schrie er leise auf.

Der Gedanke, den er schon den ganzen Tag in der
untersten Tiefe arbeiten hörte, und den er so mühsam
zu ersticken suchte, brach auf.

Er mußte Grodzki folgen!

Er hatte den Selbstmord so oft theoretisch über-
legt, aber diesmal war es wie eine ungeheure Zwangs-
suggestion: er fühlte, daß er ihr nicht widerstehen könne.
Es kam nicht von Außen, nein, es kam von dem
Unbekannten heraus: ein herrischer, jeden Widerspruch
erstickender Wille.

Er zitterte, taumelte, blieb stehen und stützte sich an einem Haus.

Er müsse es thun! Ganz so wie Grodzti es gethan hat. Den Gehirnwillen daraushin dressiren, ihn zwingen, dem Instinktwillen zu gehorchen.

Auf einmal empfand er eine eigenthümliche taube Ruhe. Er zwang sich, zu denken, aber er konnte nicht, er ging immer weiter gedankenlos, versunken in dieser tauben, inneren Todtenstille.

Er stolperte und wäre beinahe gefallen. Das rüttelte ihn auf.

Nein! es war nicht schwer, was sollte er sich noch länger quälen.

Er dachte nach, was nicht Qual wäre, aber er konnte nichts finden. Dann dachte er nach, was nicht Lüge wäre, aber es gab nichts, was es nicht wäre, höchstens eine Thatsache, aber was ist eine Thatsache, sagte Pilatus und wusch sich die Hände. Nein! Pilatus sagte: was ist Wahrheit? und dann erst hat er sich die Hände gewaschen.

Er fing an zu faseln.

Aber als er vor das Haus kam, in dem doch Geißler wohnen mußte, wurde er sehr unruhig.

Er hatte das Haus ganz vergessen. Aber hier mußte er doch wohnen. Er las alle Schilder, darunter ganz besonders aufmerksam: Walter Geißler, Rechtsanwalt und Notar, aber er konnte sich nicht orientiren.

Er ging in den Flur hinein, trat wieder auf die Straße, las wieder die Schilder, kam zur Besinnung und wurde halb bewußtlos vor Angst.

Sollte er verrückt werden? Das war doch eine augenblickliche Sinnesverwirrung. O Gott, o Gott, nur das nicht!

Er faßte sich mühsam, eine krankhafte Scheu, nur Niemandem zu zeigen, was in ihm vorgehe, begann ihn zu beherrschen.

Er richtete die größte Aufmerksamkeit auf sein Gesicht, schnitt die sonderbarsten Grimassen, um den Ausdruck der gleichgiltigen Alltäglichkeit herauszufinden, fühlte sich endlich befriedigt und ging hinauf.

— Einen Augenblick!

Geißler schrieb, als gälte es sein Leben.

Endlich sprang er auf.

— Ich habe nämlich wahnsinnig viel zu thun. Ich will nun meine Advokatur endgiltig an den Nagel hängen, und mich ganz und gar der Literatur widmen. Das ist doch eine charmante Beschäftigung, und ich arbeite jetzt bis zur Bewußtlosigkeit . . .

— Aber vorher wirst Du doch meine Affairen ordnen?

Geißler lachte herzlich auf.

— Da ist ja nichts mehr zu ordnen. Du hast auch nicht einen Schimmer von Deinen Verhältnissen. Dein ganzes Vermögen ist noch allerhöchstens dreitausend Mark.

— Nun gut. Dann werd' ich morgen zu Dir kommen; Du wirst mir das Geld morgen geben können, nicht wahr?

— Ich werde zusehen.

Falk dachte plötzlich nach.

— Du brauchst mir eigentlich nur fünfhundert zu geben, den Rest wirst Du monatlich in hundert Mark Raten an diese Adresse schicken.

Er schrieb Janina's Adresse auf.

— Wer ist das? fragte Geißler.

— O, ein unschuldiges Opfer einer Schurkerei.

— So, so . . . Du willst wohl nun in die Wüste gehen und fasten?

— Vielleicht.

Falk lächelte. Er besann sich plötzlich auf seine Rolle und fing mit übertriebener Herzlichkeit zu lachen an.

— Denk' Dir nur, ich habe sehr eifrig nach Dir gefragt.

— Wo denn?

— In einem wildfremden Hause. Ich wollte einen Spitzel irre führen und so fragte ich auf der zweiten Etage sehr laut und mit großer Emphase nach Dir . . . Aber das ist ja gar nicht interessant.

— Na, erzähl' doch.

— Nein, nein, das ist entsetzlich langweilig.

Falk begann in ein stumpfes Grübeln zurückzuversinken.

Geißler sah ihn verwundert an.

— Fehlt Dir was?

— Eigentlich nichts, ich habe nur einen schweren Fieberanfall überstanden.

— Ja, Donnerwetter! Geißler knackte plötzlich mit den Fingern — was sagst Du zu Grodzki?

— Grodzki? Ein heftiger Schreck fuhr Falk durch die Glieder.

- Nun ja, er hat sich doch erschossen.

- Erschossen? fragte Falk mechanisch.

Das ist ja ein phänomenales Stadtgespräch. Er hat die Frau von einem Maler entführt, ist plötzlich zurückgekommen, und hat sich erschossen.

— Die Frau von einem Maler?

— Ja. Der arme Kerl ist verrückt geworden. Aber dieser Grodzki! man sagt, daß er sich aus Furcht erschossen hat.

— Aus Furcht? Falk kam in eine unbeschreibliche Verwirrung. Aus Furcht?

— Man sagt, daß er kurz vor einem Monstreprozeß stand. So eine Art von einem sensationellen Fall Wilde.

Falk lachte auf.

— Also deswegen erschießen sich die Menschen. Ha, ha, ha, und ich glaubte, daß ihr Wille so stark sei, um über das Leben gebieten zu können, ha, ha, ha . . .

— Man sagt es nur so, vielleicht ist es nur eine Klatschgeschichte . . . Ich glaube nicht daran. War doch ein phänomenal begabter Mensch. Nun, Du kennst ihn doch wohl am Besten. Man erwähnt übrigens jetzt sehr oft Deinen Namen.

— Meinen?

— Ja, man will Dich mit Grodzki in Verbindung bringen.

Falk wurde zerstreut.

— Will man das? Sonderbar . . .

Geißler sah Falk aufmerksam an.

— Die Krankheit hat Dich doch sehr ramponirt, was? Du mußt Dich schonen . . . Aber wie geht es Isa?

Falk schrak auf.

— Du hast sie sehr geliebt, nicht wahr?

— Bis zur Gemüthsblödigkeit.

— Und so ging es vorüber?

— Na, na; so ganz vorüber ist es nicht.

— Nicht?

Falk empfand eine wilde Freude.

— Du scheinst Dich darüber zu freuen.

— Ich ordne die Affairen, sagte Falk mit einer plötzlichen, übermüthigen Laune.

— Was meinst Du?

— Nun, wenn mir ein Unglück zustoßen sollte . . .

— Sprich doch keinen Irrsinn. Bist krank. Solltest zu Bett bleiben.

— Ja, ja, Du hast Recht. Er stand auf. Du kommst doch bald zu uns, sagte er zerstreut.

— Ja, natürlich.

Als Falk in den Flur trat, erinnerte er sich plötzlich, daß er mit Geißler über die Reise sprechen sollte. Aber er wußte nun plötzlich ganz sicher, daß er nicht reisen werde.

Als er auf die Straße kam, fing er an über Ab= schiedsvisiten zu denken . . . Wenn man verreisen soll, muß man doch Abschiedsvisiten machen, dachte er tief= sinnig.

Der Gedanke an die Reise bemächtigte sich wieder seines Gehirnes. Er wollte aber nicht weiter darüber

nachdenken. Er fühlte plötzlich, daß er aus dieser That
sache eine Unmenge Folgerungen ziehen müßte, also
z. B. wieder zu Geißler hinaufgehen und dergleichen
Dinge mehr, die unfehlbar seine ganze Kraft zer=
stören müßten. Er wollte jetzt frei sein von allen
Gedanken.

Und jetzt: zu Olga.

Der letzte Gedanke erregte ihn wieder.

Woher plötzlich der Entschluß? So ohne jegliche
Vorbereitung, ohne jedes Nachdenken? Ein Wunder,
ein großes Wunder! Folglich ist der Wille ein Phä=
nomen? Nein, mein Du ist ein Phänomen.

Dann wunderte er sich, daß sich in seine Gedanken
plötzlich die Vorstellung eines chinesischen Theaters ein=
gemischt hatte: Ein Aktor steht auf der Bühne, macht
eine Fußbewegung und sagt zum Publikum: Jetzt reite
ich . . . He, he, he . . .

Sein Gehirn kam wieder in Bewegung. Grodzki
tauchte wieder in ihm auf.

— Das ist doch sehr riskabel, Selbstmord zu be=
gehen! Diese ekelhafte Schnüffelei nach den Gründen . . .

Er kam inzwischen vor Olgas Haus. Das ewig
offene Restaurant hatte etwas Irritirendes. Er er=
innerte sich, daß ihn schon als Knaben die ewige
Lampe in der Kirche irritirte. Lächerlich, daß sie nie
ausgehen durfte. Ist etwa Olga die heilige Vestalin,
die das ewige Feuer in der Kneipe zu hüten hat?
Nun, nun, Falk . . . Du wirst ein wenig abgeschmackt
und banal . . .

Er trat auf die Treppe, zog seine Handschuhe an und rückte die Kravatte zurecht.

Er klopfte.

In Olgas Zimmer saß Kunicki in Hemdärmeln auf dem Sopha, der Rock lag über einer Stuhllehne.

Er hat den Russen im Duell erschossen, flog es wie ein Blitz durch Falks Gehirn, gleichzeitig erinnerte er sich, was man über Grodzkis Tod sagte, und in dem nächsten Sekundentausendstel schoß ihm ein Entschluß auf.

— Sie sind wieder heiß, lieber Kunicki, wie ge= wöhnlich, wie gewöhnlich.

Falk lachte mit boshafter Freundlichkeit.

Kunicki sah ihn finster an.

— Nun, lieber Kunicki, Sie sehen ja aus, als wollten Sie in den nächsten zwei Tagen die soziale Harmonie einführen.

Falk lachte noch freundlicher und drückte Olga beide Hände. Er sah sie strahlend an.

— Sieh', sieh', wie Du schön aussiehst!

— Fasle nicht! Ich habe hier mit Kunicki sehr unangenehme Sachen. Er ist wüthend, daß wir Czerski auf Agitation geschickt haben.

— Vielleicht wollte Herr Kunicki reisen? Falk sah ihn an mit verbindlichstem Lächeln. Das ist ja ein edler Wettstreit.

Kunicki warf Falk einen wüthenden, feindseligen Blick zu und sagte aufgeregt:

— Ihre lächerlichen Sticheleien gehen mich nichts an. Aber es handelt sich hier um die Sache. Sie wissen ebenso gut wie ich, daß Czerski ein Anarchist ist.

Kein Mensch weiß es besser wie ich. Ich habe
sehr lang und breit mit ihm darüber gesprochen.

— Um so schlimmer für Sie. Sie können mir
nicht übel nehmen, wenn ich dem Komitee die Augen
über Sie öffne.

— Ich kümmere mich den Teufel um Ihr Komitee,
brauste Falk auf. Er fiel ganz aus seiner Rolle. —
Ich mache, was ich will.

— Aber wir, wir erlauben Ihnen das nicht, schrie
Kunicki wüthend. Sie zerstören durch Czerski unsere
ganze dreijährige Arbeit. Sie gehen nur darauf aus,
unsere Arbeit zu zerstören.

— Ihre Arbeit, Ihre Arbeit?! Falk lachte höhnisch. Haben Sie denn ganz vergessen, was Sie mit
Ihrer Arbeit ausgerichtet haben. He, he, vor anderthalb Jahren haben Sie mir einen schönen Plan entwickelt, aus dem zur Evidenz zu ersehen war, daß Sie
innerhalb zwei Monaten alle Schwierigkeiten, die einem
Generalstreik der Bergwerkarbeiter im Wege ständen, be-
seitigen würden. Ich gab das Geld dazu, obwohl ich
an Ihre Träumereien natürlich nicht glaubte ... Aber
Sie interessirten mich damals. Ich brauchte einen
Menschen, der mich überzeugen könnte, daß gewaltige
Massensuggestionen thatsächlich noch möglich sind ...
Sie sollten mir das mikroskopische Kunststück einer
neuen Kreuzfahrt vorzeigen, nur mit einer veränderten
Devise: l'estomac le veult ... Ha, ha, ha ... Interessant genug war es ja zu sehen, ob die Menschen sich
noch hinreißen lassen ... Ich glaubte, daß Sie vielleicht dazu im Stande wären. Aber nach einer Woche

kamen Sie unverrichteter Sache zurück, ich glaube sogar
mit bedenklichen Körperverletzungen . . .

— Sie lügen, schrie Kunicki, wüthend auf, be
herrschte sich aber sofort. Sie wollen mich lächerlich
machen. Das können Sie, wenn es Ihnen Vergnügen
macht. Ich verzeihe Ihnen gerne Ihre kindische und
bei Ihnen doppelt komische . . . he, he . . . aristokra=
tisch=ästhetisch Nietzscheanische Sehnsucht nach Macht und
Größe . . .

Kunicki würgte sich am absichtlichen, beleidigenden
Hohngelächter.

— Ja, ja, bitte, bitte, wenn es Ihnen nur Ver
gnügen macht . . . Falk sah ihn boshaft an. — Nein,
lieber Kunicki, ich wollte Sie nicht beleidigen, und ich
will es um so weniger, als ich sehe, wie stark die
unglückliche, um nicht zu sagen komische Rolle, die
Sie gespielt haben, an Ihnen würgt.

— Sie irren sich, sagte Kunicki. Falk labte sich
an der Mühe, die Kunicki hatte, sich zu beherrschen . . .
Ich verstehe Ihre Absichten nicht, aber, wenn Sie
glauben, daß ein Mensch wie Sie mich beleidigen
kann . . .

Falk lachte lange und sehr herzlich.

— Ha, ha, ha, ich verstehe sehr gut, daß ich einen
Menschen wie Sie nicht beleidigen kann. Das war nur
ein wenig phrasenhaft ausgedrückt im Verhältniß zu der
Mühe, die Sie haben, um sich nicht beleidigt zu fühlen . . .
Aber kommen wir auf Czerski zurück. Ja, sehen Sie,
ich glaube nicht an das sozialdemokratische Heil. Ich

glaube auch nicht, daß eine Partei, die Geld im Ueber
fluß hat, eine Partei, die Kranken= und Verforgungs=
kaffen gründet, etwas ausrichten kann ... Ich glaube
auch nicht, daß eine Partei, die an eine behäbige Ver=
nunftlöfung der fozialen Frage denkt, überhaupt ernft
lich in Betracht kommen kann. Ebenfowenig wie der
Salonanarchift Herr John Henry Mackay ... Sie
predigen Alle einen friedlichen Umfturz, ein Auslöfen
des gebrochenen Rades durch ein neues, während der
Wagen fich in Bewegung befindet. Ihr ganzer Dogmen=
aufbau ift ganz idiotifch, gerade weil er fo logifch ift,
denn er gründet fich auf der Allmacht der Vernunft.
Aber bis jetzt ift Alles durch die Unvernunft ent=
ftanden, durch Blödfinn, durch zwecklofen Zufall.

— Und Sie fchickten Czerski, damit er den Blöd=
finn mache, höhnte Kunicki.

— Ich hoffe von ganzer Seele, daß er etwas
furchtbar Blödfinniges macht. Ich hoffe es be=
ftimmt, und zwar in der Ueberzeugung, daß die paar
Revolutionäre, die gehängt, erfchoffen oder hingerichtet
wurden, taufendmal tiefer in das Bewußtfein der un=
zufriedenen Volksmaffen eingedrungen find, als Ihre
Partei mit den theoretifchen Marx=Laffallefchen Waffer=
füppchen jemals zu dringen vermag.

Kunicki lachte höhnifch und verfuchte recht fpitz
zu fein.

— Wiffen Sie, Herr Falk, nach alledem, was ich
jetzt von Ihnen gehört habe, könnte man fich ganz
eigenthümliche Gedanken von Ihnen machen. Gerade

so, wie ich Sie jetzt sprechen höre, hab' ich einen Lock
spitzel in Zürich reden gehört.

Nun ist der Augenblick da, dacht Falk.

— Glauben Sie, daß ich ein Lockspitzel bin?

Kunicki lächelte noch boshafter.

— Ich betone ja nur die allerdings sehr seltsame
Aehnlichkeit Ihrer Rede . . .

In demselben Momente beugte sich Falk weit über
den Tisch und schlug Kunicki mit ganzer Kraft eine
Ohrfeige.

Kunicki sprang auf und stürzte sich auf Falk.

Aber Falk bekam seine beiden Arme zu fassen und
umklammerte sie so fest, daß Kunicki trotz der wüthend=
sten Anstrengungen sich nicht losreißen konnte.

Falk wurde sehr ärgerlich.

— Wir werden uns doch hier nicht prügeln. Ich
stehe Ihnen, wenn Sie Satisfaktion haben wollen, ganz
und gar zur Verfügung. Uebrigens bin ich stärker
wie Sie, Sie riskiren also sehr fatale Prügel.

Er ließ ihn los und stieß ihn zurück.

Kunicki sah todtenblaß aus, auf seine Lippen trat
Schaum. Dann zog er seinen Rock an und ging ohne
ein Wort taumelnd aus dem Zimmer.

Falk setzte sich hin, Olga blieb am Fenster stehen
und starrte ihn an.

Falk verkroch sich wieder in sein Grübeln.

Dies Schweigen dauerte wohl eine halbe Stunde.

Plötzlich stand er auf.

— Er schickt mir doch sicher eine Forderung?

Es war wie ein stiller Triumph in seinen Worten.

Du wolltest es haben. Du hast ihn provozirt. Du hast ihn dazu gezwungen. Und jetzt triumphirst Du darüber. Du findest, daß dies leichter ist, wie Selbstmord.

Sie lachte nervös und streckte die Hand aus.

— Du hast also keine Kraft mehr, Du willst es doch. Und Du sagtest, daß Du meine Liebe liebst, und ich glaubte, daß Du es um meiner Liebe willen nicht thun würdest. Du hast gelogen. Du liebst Niemanden.

— Ich liebe Dich — sagte Falk mechanisch.

— Nein, nein, Du liebst Niemanden. Deinen Schmerz liebst Du, Deine kalte, grausame Neugierde liebst Du, aber nicht mich.

Sie kam in immer größere Aufregung. Ihre Lippen bebten und die Augen wurden unnatürlich weit.

— Ich liebe Dich! — wiederholte Falk tonlos.

— Lüg' nicht, lüg' nicht mehr. Du hast mich niemals geliebt. Was bin ich Dir? Hättest Du um meinetwillen leben können? Du sagtest: bleib' bei mir, ich habe Deine Liebe nöthig, aber hast Du einen Augenblick daran gedacht, daß ich nur um Deinetwillen lebe? Du hast genug Liebe um Dich, aber wen hab' ich, was hab' ich, außer Deiner kalten, grausamen Neugierde, die Dich an mich fesselte. Dachtest Du jetzt an mich?

— Ich denke immer an Dich, sagte Falk sehr traurig.

Sie wollte etwas sagen, aber ihre Stimme brach, ihr Gesicht erstarrte, und wieder sah Falk die Thränen

über das stumme Gesicht laufen. Sie drehte sich schnell
nach dem Fenster um. Aber im nächsten Momente
kam sie auf ihn zu und faßte ihn mit verzweifelter
Leidenschaft an den Armen.

— Willst Du sterben?

Er starrte sie an, als hätte er sie nicht verstanden.

— Willst Du sterben? wiederholte sie in Raserei.

— Ja.

— Ja? schrie sie auf.

— Ja.

Sie ließ die Arme sinken.

— Ich liebe Dich nicht. Ich liebe Dich nicht,
wie ich Dich geliebt habe ... Warum giebst Du mir
nicht einen Schilling, wo Du Millionen bekommst?
Bist Du so arm, bist Du wirklich so arm ...?

Sie trat zurück und sah ihn mit qualvoller Ver=
zweiflung an.

Aber in diesem Momente stürzte Falk auf seine
Kniee, faßte ihr Kleid und küßte es mit langer In=
brunst.

Sie sank an ihm nieder, sie faßte seinen Kopf, sie
küßte ihn auf seine Augen, auf sein Haar, auf seinen
Mund. Sie konnte sich nicht sättigen an dem Kopf,
den sie so unsagbar mit all der Qual, mit all der
schmerzhaften Entsagung liebte.

Plötzlich fuhr sie jäh auf und taumelte zurück.

— Du liebst mich nicht!

Ihre Stimme war müde und gebrochen.

Falk antwortete nicht. Er setzte sich hin, stützte

den Kopf in beide Hände und litt. So hatte er nie gelitten.

Die Impotenz seiner Seele hatte ihn nun ganz gebrochen. Es gab wirklich keinen Ausweg mehr. Nun wurde seine Seele stumpf, nur hin und wieder blitzte irgend ein gleichgiltiger Gedanke auf.

Olga setzte sich auf ihr Bett und sah ihn unver= wandt an.

Er erhob plötzlich die Augen zu ihr, sie starrten sich eine Ewigkeit an, er lächelte irre und senkte die Augen nieder.

Plötzlich sagte er, wie zu sich selbst:

— Ich habe ihn geohrfeigt, weil er nur eine Laus ist.

— Du bist krank, Falk. Jetzt erst seh' ich, daß Dein Kopf krank ist.

Sie sah ihn mit wachsendem Erstaunen an.

— Du warst immer krank. Du bist nicht normal.

— Nicht normal? fragte er. Nicht normal? Du hast wohl recht. Ich habe mich oft gefragt, ob ich doch nicht am Ende irrsinnig bin. Aber mein Irrsinn ist anders, wie bei andern Menschen . . . Ja, mein Kopf ist krank. Der Ekel tötet mich . . .

Er saß mit tief gesenktem Kopfe und sprach sehr leise.

— Der Ekel vor mir, der Ekel vor Menschen frißt an mir wie Gangrän . . . Ich hätte vielleicht etwas machen können, aber die sinnlosen Ausschweifungen haben meinen Willen zerfressen. Ich ging und zerstörte und litt . . . O, wie ich furchtbar gelitten habe. Aber ich mußte es thun, halb aus einem dämonischen unverständlichen Drang. Die Menschen unterlagen meinen Suggestionen . . . Doch, was soll ich davon reden. Ich habe genug geschwatzt . . . Am Ende ist es nur meine Eitelkeit, die so spricht . . . Es freut mich eigentlich, daß ich diese Macht hatte . . . Ich bereue auch nichts, vielleicht würd' ich von Neuem anfangen, wenn ich von irgend woher frische Kräfte bekäme.

Er stand auf.

— Jetzt werd' ich gehen. Du thatest mir Unrecht: ich habe Dich sehr geliebt.

Er beugte sich über ihre Hand und küßte sie. Die Hand zitterte heftig.

An der Thür blieb er stehen.

— Wenn es schlecht geht, verstehst Du, Kunicki ist ein berühmter Schütze, ja, willst Du dann ab und zu bei Janina nachsehen? . . . Sie war gut zu mir . . . Es ist schändlich, daß ich so tief in ihr Leben eingreifen mußte . . .

Er sah sie an und lächelte sonderbar.

— Willst Du das?

Sie nickte mit dem Kopfe.

— Nun leb' wohl Olga, und — und . . . Ja, wer weiß, wir sehen uns vielleicht nicht wieder.

Sie starrte ihn sprachlos an und winkte dann heftig mit der Hand.

— Ja, ja, . . . ich gehe.

# XIII.

Am frühen Morgen wurde Falk geweckt.

Ein Herr wartete im Salon in einer sehr wichtigen Angelegenheit.

— Aha! sagte Falk und kleidete sich schnell an.

Als er in den Salon trat, sah er einen Menschen, der sich steif und ungemein ceremoniell verbeugte.

— Von Kunicki? Nicht wahr? Nun?

Er horchte ungeduldig und zerstreut auf die wohlgesetzte Rede des Anderen.

— Schwere Forderung? Ja, natürlich. Geben Sie nur Ihre Adresse her, ich werde Ihnen meinen Sekundanten zuschicken. Nur um Gotteswillen keine Steifheiten, keine Ceremonien. Sonst sind mir die Bedingungen ganz gleichgiltig. Natürlich schießen bis zur Bewußtlosigkeit. Nur keine Ceremonien . . .

Der Fremde sah Falk befremdend an, verbeugte sich und ging.

— Das ist ja prachtvoll, prachtvoll. Falk rieb sich vergnügt die Hände.

Dann fing er an, im Salon langsam auf- und abzugehen.

Plötzlich befiel ihn eine heiße Sehnsucht nach Isa. Ihr Alles sagen, sie auf seine Hände nehmen, sie an sich pressen, daß sie eins würden in dem rasenden Elan der Liebe.

Aber im nächsten Moment fesselte ihn ein Bild, das über dem Piano hing.

Der Himmel: eine Reihe von breiten, grellen Streifen, die nebeneinander unausgeglichen lagen. Breite, brutale Streifen; das Ganze wie ein wüster Verzweiflungsschrei . . . Und ein Strand mit einer langen Strandbrücke. Zwei Menschen auf der Brücke: sie im weißen Kleide. Man sah eigentlich nur dies weiße Kleid, und dieser weiße Fleck mitten in der Verzweiflungsorgie des Himmels, sah aus wie etwas grausig Geheimnißvolles, etwas, das die Nerven vor Neugierde und irrem Grausen krank machte. Er sog sich mit seiner ganzen Seele in dies weiße Kleid hinein: Das ist sie, das Verhängniß, der weiße Blitz, die tanzende Welt im Chaos.

Er sah' weg und betrachtete mit gespanntester Aufmerksamkeit eine verwelkte Orchidee.

Er mußte sich also nun einen Sekundanten suchen — natürlich Geißler. Er hatte ja keinen Anderen. Nicht einen einzigen Menschen hatte er mehr.

Er suchte lange nach seinem Hut, ging an Isas Schlafzimmer, horchte, ging wieder leise herum . . .

Nun mußte er aber gehen, sonst würde er Geißler nicht mehr zu Hause antreffen.

— — — — — — —

Kaum war er weggegangen, als Isa in sein

Zimmer trat. Sie hatte Fieber in der Nacht und Alpdruck. Sie wollte mit ihm sprechen, sich beruhigen . . .

Sie war sehr erstaunt, als sie ihn nicht mehr vorfand. Sie blieb traurig stehen, setzte sich dann nieder und sah sich im Zimmer um.

Das Zimmer erschien ihr plötzlich so fremd und so unbehaglich. Sie glaubte deutlich die kranke, fiebrige Atmosphäre dieses Zimmers zu fühlen . . . Alles lag wirr durch einander, auf dem Schreibtisch sah sie ein großes, bunt bekritzeltes Blatt Papier.

Sie hielt das Blatt in den Händen und sah wie versunken vor sich hin.

Das Blatt war von unten bis oben nur mit einem Worte in den verschiedensten Schriftarten beschrieben: Ananke.

Eine unbestimmte Qual schnürte ihr das Herz zusammen. Es wurde ihr so schwül. Sie fühlte eine tiefe Traurigkeit. Es war ihr, als wäre ihr ganzes Glück plötzlich vorüber.

Sie verstand eigentlich nicht, woher alle diese Depression? Sie fing an, sich selbst mit allen möglichen Gedanken zu zerstreuen, aber sie konnte die irritirende Unruhe nicht los werden.

Sie raffte sich auf, ging in ihr Schlafzimmer und kleidete sich langsam an.

Plötzlich kam das Dienstmädchen herein.

— Ein Herr wünscht Sie zu sprechen. Sie überreichte Isa eine Karte: Stefan Kruk.

Isa las und las die Karte. Aber das ist ja

unmöglich). War nicht Kruk aus Deutschland geflohen? Er ist ja doch zu mehreren Jahren Gefängniß verurtheilt ... Eine wachsende Unruhe fing an in ihrem Kopfe zu jagen. Ein Wirrwarr von Gedanken fuhr ihr durch's Gehirn. Das Gefühl von etwas Ungewöhnlichem füllte sie mit jähem Schreck. Sie überhastete sich und war kaum im Stande, ihre Toilette zu beendigen.

Als sie in den Salon trat, sah sie Kruk ganz ungewöhnlich blaß mit wilden, roten Augen.

Isa blieb erschrocken stehen.

— Was ist? Was ist? fragte sie stammelnd.

— Wo ist Ihr Mann?

Sie hörte seine heisere Stimme heftig beben.

— Er ist weggegangen. Aber, wie kommen Sie denn hierher, wie konnten Sie sich nur dieser Gefahr aussetzen?

Kruk sah sie an, als wüßte er nicht, wo er sei, als hätte er sich selbst vergessen.

Isa wich erschreckt zurück.

— Ihr Mann ist ein Schurke, schrie er rasend auf. Er hat meine Schwester geschändet ...

Isa hörte noch ein paar Worte: Maitresse, Bastard, Verführer, dann verstand sie nichts mehr.

Kruk kam zur Besinnung. Er sah, wie alles Blut von ihrem Gesichte gewichen war, wie Ihre Lippen blau wurden ... Sie wankte, er fing sie auf.

Sie kam schnell zu sich.

— Mein Mann hat ein Kind jetzt, jetzt ... vor

ein paar Wochen mit Ihrer Schwester? Ihrer
Schwester?! Kind?

Sie sah ihn abwesend an und stammelte unablässig das Wort Kind ... dann sprang sie auf ihn zu.

— Das ist unmöglich! Unmöglich ...

Sie faßte sich an den Kopf und ging ein paar
Schritte.

— Ein Kind! ...

Sie fuhr plötzlich auf.

— Ich muß es sehen, ich muß es sehen ... Es
ist unmöglich. Nein, nein ...

Sie lief herum.

— Warum sagen Sie kein Wort? Sagen Sie
doch, daß es unmöglich ist ... O Gott, o Gott ...
So suchen Sie doch meinen Hut, schnell, meinen
Hut ... Wie ist das nur möglich ... Ha, ha, ha,
er fragte mich, was ich dazu sagen würde ... Grand
Dieu, c'est impossible ... Wie blaß Sie sind, wie
finster ... Kommen Sie nur schnell, schnell ...

Sie wußte nicht mehr, was sie that, und was
sie sagte.

Erst unten in der Droschke kam sie zur Besinnung.
Sie sprachen kein Wort mit einander.

Sie hatte das Gefühl eines schwarzen, kühlen
Schattens über ihrem Gehirn, sie lachte krampfhaft
auf, sank zusammen und wieder überkam sie plötzlich
eine Lust zu lachen.

Sie sah Kruk beinahe schelmisch an.

— Ich habe Sie gleich erkannt — ich sah Sie
zweimal in Paris ... O, wie Sie sich verändert haben,

und wie grenzenlos blaß Sie sind . . . Mais c'est terrible, c'est terrible!

Sie sah mit irren Blicken zum Fenster hinaus.

Plötzlich hörte sie das Rollen einer anderen Droschke hinter ihrem Rücken, das Geräusch betäubte sie, sie sah nichts mehr und hörte nichts, wiederholte nur ganz mechanisch: c'est terrible!

Endlich blieb die Droschke stehen, und unmittelbar dahinter hielt eine andere Droschke an. Kruk kam plötzlich in eine unsagbare Unruhe . . .

In dem Augenblick, als Isa aus der Droschke ausgestiegen war, sah sie zwei Männer sich auf Kruk losstürzen.

— Im Namen des Gesetzes . . .

Kruk zog blitzschnell den Revolver, aber in einem Nu wurde er von hinterrücks auf die Erde geworfen . . .

Es entstand ein Auflauf. Isa trat hastig in den Hausflur.

Sie stützte sich gegen die Wand, um nicht zu fallen. Ein Schwindelgefühl raste in ihr. Sie suchte krampfhaft dagegen anzukämpfen. Dann sah sie starr das glänzende Treppengeländer hinauf, hörte ein Geschrei auf der Straße und sah ein paar Kinder vorüberlaufen.

Sie sah sich verwirrt um.

Was wollte sie denn hier? . . . Eriks Maitresse besuchen? Ha, ha . . . Großer Gott! Eriks Maitresse . . .

Sie raffte sich zusammen und trat auf den Hof. Sie blieb wie gebannt stehen.

In einem Fenster des Hofparterre sah sie ein blasses, verzweifeltes Gesicht. Das Mädchen trug ein Kind auf dem Arm.

Die beiden Frauen starrten sich an.

C'est elle! sagte sich Isa halblaut. Sie sah, wie die Andere im höchsten Schreck zurückwich.

Isa ging hinein. Sie klopfte.

Die Thür wurde furchtsam und nur halb geöffnet.

— Aber lassen Sie mich doch hinein . . . sie stieß Janina fast gewaltsam zurück . . . Ich will Ihnen doch nichts thun, nur das Kind . . .

Sie trat in Janina's Zimmer.

— Aber zittern Sie doch nicht so, ich will ja wirklich Ihnen nichts thun . . . Sie lachte nervös . . . Mais, c'est drôle . . . dieses kleine Mädchen: Eriks Maitresse, ha, ha, ha . . . Setzen Sie sich doch, Sie sind blaß, Sie werden fallen . . . Gott, wie mager, wie elend Sie sind. Er hat ja Ihr ganzes Blut aufge= sogen . . . Und das Kleine da ist Ihr Kind, Falks Kind . . .

Sie lachte hysterisch und sah dann Janina mit wildem Haß an, aber nur einen Moment . . .

— Sie wußten natürlich nicht, daß er verheirathet war . . . Wie er lügt, ha, ha, ha, wie er lügt . . .

Mit einem Male verließen sie die Kräfte. Janina warf sich auf das Bett und schluchzte.

Isa wurde sehr ernst; sie stand auf.

— Hab' ich Sie beleidigt? fragte sie kalt.

Aber sie erwartete keine Antwort, sie ging an das

Bettende, wo der Kleine lag, sah ihn aufmerksam an und blieb dann mitten im Zimmer stehen.

— Aber weinen Sie doch nicht. Ich wollte Sie doch nicht beleidigen ... Wie das Kind schön ist! Und Sie haben ja keine Schuld ... Sie sind ja nur ein kleines, schwaches Mädchen.

Und wieder fing sie an zu lachen.

Sonderbar, daß Sie ein Kind haben ... Wie alt sind Sie denn eigentlich? Achtzehn? Neunzehn? Nun, leben Sie wohl und weinen Sie nicht. Er wird schon zurückkommen, er wird kommen, versetzte sie rasend ... Ich werd' ihn zu Ihnen zurückjagen, gleich — gleich ...

— Quälen Sie mich nicht! schrie plötzlich Janina auf.

— Quälen? Quälen? Ha, ha, ha ... Ich werde ihn gleich herschicken ... tout de suite, tout de suite ...

Auf der Straße blieb sie lange stehen.

Ein paar Straßenjungen gingen an ihr vorbei, lachten sie frech an und warfen ihr unzüchtige Worte zu.

Sie sah' sich scheu um, und fing an zu gehen, schnell, sinnlos schnell ...

— Nur nicht zurück, nur nicht zurück, nur nicht zu dem Lügner zurück, murmelte sie leise vor sich hin.

— Aber mein Gott! was für ekelhafte Menschen hier wohnen! Warum belästigen Sie mich, warum stoßen Sie mich denn? Was hab' ich Ihnen gethan?

Sie knirschte in ohnmächtiger Raserei mit den Zähnen.

Plötzlich empfand sie einen heftigen Schmerz. Ein

Kerl hatte sie angerannt und sie brutal zur Seite ge=
stoßen, daß sie beinahe umgefallen wäre.

Der Schmerz brachte sie zum Bewußtsein.

Sie fing an langsam zu gehen, hielt sich dicht
an die Mauer, sie wurde ängstlich wie ein kleines Kind,
ein Weinkrampf arbeitete sich mit aller Kraft in ihr
herauf, sie würgte ihn mühsam nieder, konnte aber
nicht verhindern, daß die Thränen unaufhaltsam über
ihre Backen rannen.

Dann kam sie auf einen leeren Platz, setzte sich
auf eine Bank und beruhigte sich. Und nun erst flog
ihr Alles, mit visionärer Deutlichkeit durch's Gehirn und
ein wilder Schmerz fing an in ihr zu rasen. Sie wurde
von Sinnen.

Und im Augenblick raffte sie sich auf. Geißler
wird Geld geben. Nur weg, weit, weit weg von ihm,
Geißler wird Geld geben, Geißler, Geißler wiederholte
sie unablässig.

Sie stieg in eine Droschke und gab Geißlers
Adresse an.

Der Schmerz raste immer toller . . . Als hätte
sich eine Hölle in ihr entfesselt . . . Ha, ha, ha . . .
Mais non, pas du tout; je suis au contraire très
enchantée, très enc' antée . . . Diese großen Buch=
staben: Isak Isaksohn . . . Nein, wie komisch! Isak
Isaksohn . . . Ha, ha, ha . . . Falk ist ein genialer
Mensch. Er muß die Rasse verbessern, es ist seine
Pflicht, seine Pflicht . . . Hier kann ich Stoffe kaufen
— Friedrichstraße 183, und ja, wie hieß er doch?
Isak Isaksohn und Friedrichstraße 183 . . .

Da fühlte sie plötzlich einen unsäglichen Ekel. Der
Mensch hat sie genommen, mit denselben Händen hat
er sie umarmt wie das Mädchen da — mit demselben
Mund hat er sie geküßt . . .

Sie schüttelte sich. Eine krankhafte Raserei überkam sie, es wurde ihr unausstehlich eng, sie hätte ihre
Kleider auseinanderreißen mögen. Der Ekel würgte an
ihr immer heftiger.

Warum hat er das Weib nicht in mein Bett ge-
schleppt?! Ha, ha, ha . . . Er hätte es doch vor meinen
Augen thun sollen . . .

Sie konnte sich nicht mehr beherrschen. Sie krümmte
sich und kroch in sich zusammen und reckte sich wieder
hoch, sie fühlte einen unausstehlichen Schmerz in der
Brust, im Kopfe, überall, überall . . .

Oh que j'ai mal, que j'ai mal . . . Mon Dieu,
que j'ai mal!

Als sie in Geißlers Zimmer eintrat, wurde sie
von einer plötzlichen Lustigkeit befallen.

— Wie gut Du mich ansiehst! Du bist ja wie
ein kleiner, verschämter Knabe . . . Ha, ha, ha . . . Und
Du hast einen so schönen, weichen Rock an . . . Nun
sieh mich doch nicht an, als wär' ich vom Himmel gefallen . . . Ich bin doch Erik Falks gesetzlich, gesetzlich
verstehst Du? auf der Mairie des fünfzehnten Arron
dissement in Paris gesetzlich angetraute Gemahlin . . .

Sie lachte herzlich.

Geißler sah sie erstaunt an. Da sie aber so
herzlich lachte, so lachte er mit.

— Denk nur, Walther, wir haben uns ja gar nicht begrüßt . . .

Sie behielt seine Hand in der ihren.

— Wie Deine Hand groß ist und gut! Und so warm, so warm.

— Du hast nicht Erik unten getroffen? fragte Geißler ein wenig unruhig.

— Erik Falk? Meinen Mann? Sie würgte sich vor Lachen. Nein, nein! Mein Mann, ha, ha, mon mari! quelle dróle idée plus philosophique qu'originale, n'est ce pas?

Sie sah sich um und setzte sich hin.

Geißler sah sie rathlos an.

— Warum siehst Du mich so traurig an? Ah, — ah . . . sie stand wieder auf . . . Er war hier, er hat Dir Alles erzählt . . .

Geißler drehte sich um und machte sich mit den Papieren zu schaffen.

— Hat er Dir von seinem kleinen Sohn erzählt, und von seiner kleinen Maitresse? Ha, ha, ha, . . . wollte er bei Dir sein Herz erleichtern?

— Nun, weißt Du, Isa, das brauchst Du Dir doch nicht so zu Herzen zu nehmen. Du bist doch ein Weib, und ein Mann ist doch ganz anders organisirt . . .

Sie hatte sich inzwischen wieder hingesetzt, aber plötzlich verspürte sie eine große Müdigkeit, sie war nahe daran, in Ohnmacht zu fallen.

— Gieb Wasser!

Sie trank gierig ein großes Glas aus.

— Ha, ha ... Ich habe meinen Mann nicht ge=
sehen, nein, nein, je ne l'ai pas vu depuis cinq
jours ... Sonderbare Vorliebe für meine Muttersprache.
Ich habe sie beinahe vergessen ... Ich war in einem
scheußlichen, deutschen Pensionat ... Um fünf Uhr
mußten wir aufstehen ... O! brr! Aber wie Du
stark bist und Deine Hand ist so groß und so gut ...

Sie sah ihn plötzlich starr an.

— Du brauchst gar nicht so betrübt auszusehen.
Ich will kein Mitleid. Ich will Geld haben. Gieb
mir Geld, sagte sie hart.

Er sah sie erschrocken an.

— Wozu brauchst Du es?

— Du bist ein netter Gentleman! Ha, ha, ha.
Ein Dame frägst Du, wozu sie Geld braucht? Gieb
mir nur Geld, ich habe eine sehr schlimme Affaire ...

— Isa, sei doch einen Augenblick ernst. Du willst
doch keine Dummheiten machen?

— Was denkst Du?

— Also hör' mal', Isa. Du weißt ja sehr gut,
was Du für mich bist ... bei Euch gehen jetzt sehr
schlimme Dinge vor ... Und da weißt Du, an wen
Du Dich wenden sollst ... Ich meine, nun — du
wirst mich nicht mißverstehen ... Du kennst mich ...
Aber ... pas de sentiments, n'est-ce pas? Wie viel
brauchst Du?

— Drei=, vierhundert ...

— Ich werde Dir fünfhundert geben.

Sie verstand ihn nicht, starrte ihn nur mit wachsen

dem Entzücken an. Ihre Sinne fingen sich an zu verwirren.

— Wie prachtvoll Du bist! ... Und gieb mir Deine große, warme Hand ... Ja, so, halt mich fest, halt mich fest ... O que j'ai mal. que j'ai mal ...

Sie fiel in einen hysterischen Weinkrampf.

# XIV.

Falk trieb sich den ganzen Tag ruhelos in der Stadt umher.

Er blieb endlich in einem Café sitzen und verbrachte dort mehrere Stunden. Er war so müde, daß er keine Kraft finden konnte, aufzustehen und sich die Zeitungen zu holen. Einen Kellner darum bitten? Nein, es that weh, nur den Mund aufzumachen.

Ein bischen Freude empfand er doch, wie schön sich das Alles arrangirte . . . und Kunicki ist ja ein berühmter Schütze. Morgen ist Alles zu Ende. Gut so!

Er wunderte sich eigentlich, daß die ganze Sache ihm so gleichgiltig war, und es handelte sich doch um das Leben . . . das Leben! Er kicherte vergnügt. Das Leben!

Endlich raffte er sich auf. Als er nach Hause kam, fühlte er sich so ermattet, daß er sich gleich auf das Bett legte: er war im Begriff einzuschlafen.

Da richtete er sich jäh' auf.

Er mußte doch mit Isa sprechen. Wer weiß, ob er morgen zurückkommen werde. Er mußte sie doch auf jeden Fall, ohne ihr Mißtrauen zu wecken, über die wichtigsten Affairen unterrichten.

Das konnte er aber auch schriftlich thun. Und wieder legte er sich hin. Sie würde doch sonst auf schlimme Gedanken kommen können. Nein! Besser einen Brief schreiben.

Plötzlich wurde er sonderbar wach. Sein Gehirn war aufgerüttelt und kam in's Arbeiten.

Es wurde ihm jetzt endlich klar, daß ihm morgen sein Todesgang bevorstehe. Ein leiser Schauer durchfuhr seine Glieder. Es war etwas wie Angst ... Ganz sicher Angst und Unruhe, obwohl ja sonst die Revolverhelden keine Angst zu haben pflegen ...

Der ganze Vorgang wurde in ihm mit einer so ekelhaft aufdringlichen Klarheit lebendig.

Er wird ruhig dastehen müssen, vor seinen Augen wird die Pistolenmündung wie ein schwarzer Punkt flirren, dann wird er deutlich den Hahn knacken hören, ganz deutlich, ja, vielleicht sogar als ein starkes Geräusch ...

Kalter Schweiß trat ihm auf die Stirn.

Mühsam schob er Alles in sich zurück.

Er gähnte. Aber sein Gähnen kam ihm selbst affektirt vor.

Er mußte zu Isa gehen und mit ihr Piquet spielen, das würde ihn beruhigen. Nachher könnte er sich ja die ganze Geschichte überlegen ...

Aber die Angst kroch in ihm hoch und sein Herz schlug entsetzlich.

Kunicki hat ja den armen Russen sofort über den Haufen geschossen ... Und dies Alles zurückzulassen: Isa und die ganze Zukunft ...

Er stutzte.

Woher kroch nur jetzt plötzlich die Selbstlüge von der Zukunft hervor? Das war ja eine lächerliche Lüge. Ha, Ha, ha ... Wie man sich doch unbewußt belügen kann ... Sonderbar! ... Natürlich wollte es in mir dann weiter so argumentiren: Alles sei ja nicht so schlimm, wie es aussehe ... Es könne ja Alles noch gut werden.

Und plötzlich fuhr er wie wahnsinnig in die Höhe.

Kruk kann ja doch nicht nach Deutschland zurück= kommen. Er ist ja zu fünf Jahren verurtheilt.

Er lief wie besessen umher.

Dann kann ja Isa niemals es erfahren. Die Briefe öffnete er ja immer selbst.

Einen Moment von einem so unmittelbaren, thierischen Glücksgefühl hatte er nie vorher gefühlt.

Er kam ganz von Sinnen vor Freude, eine ent= setzliche Lebensbrunst stieg in ihm hoch. Er dachte an nichts, nur eine einzige, fixe Idee brauste und wirbelte in seinem Hirn. Nur jetzt schnell fort!

Kunicki? Kunicki? Was geht mich Kunicki an, was kümmert mich die Ehre, was kümmert mich die Schande. Jetzt schnell fort, fort.

Sein Gehirn klammerte sich mit der letzten Ver= zweiflungskraft an diesen Strohhalm.

Dann fing er plötzlich an in Raserei und Wuth zu lachen.

Ha, ha, ha ... Nun fang' ich an vor mir selbst Komödie zu spielen. Als ob mir das über den Ekel und die Lüge hinweg helfen könnte! Ha, ha, ha: es kann ja noch Alles gut werden.

Er dachte plötzlich an den komischen, kleinen Juden, von dem er einmal Geld borgen wollte. Der Jude hatte natürlich kein Geld, aber Falk solle sich trösten, es werde ja noch Alles gut werden.

Und da kam über ihn eine so herzliche Heiterkeit, wie er sie schon lange nicht empfunden hatte.

Ja, so konnte er nun zur Isa gehen, er war ja wirklich fröhlich und heiter.

Als er in den Salon trat, fiel sein Blick zufällig auf das Bild und diese wahnsinnige Verzweiflungsorgie des Himmels . . .

Aber er war fröhlich und heiter.

In der Speisestube horchte er auf. Von Isas Zimmer kam ein Schluchzen und Stöhnen . . .

Es durchfuhr ihn wie ein Blitz, er taumelte zurück. Sein Herz blieb stehen.

Er trat an die Thür und klopfte furchtsam.

Keine Antwort. Nur ein jäher heftiger Schrei.

Er klopfte nun heftig und rüttelte an der Thür.

Isa! Isa! schrie er verzweifelt.

Ein tiefes Stöhnen war die Antwort.

Er wurde in einem Nu wie besessen. Eine un= erhörte Raserei bemächtigte sich seiner.

Mach' auf! schrie er.

Wieder keine Antwort.

Da packte ihn eine thierische Wuth. Die Sinne schwanden ihm. Er warf sich plötzlich mit seiner ganzen

Kraft gegen die Thür, brach sie auf und fiel taumelnd
ins Zimmer hinein.

Isa sprang vom Sopha auf, wild und verstört.

— Was willst Du hier? Geh' doch! Geh' doch
zu Deiner Maitresse, schrie sie rasend.

Falk stand und zitterte so heftig, daß er sich am
Tisch festhalten mußte.

— Geh' doch! Geh' doch! schrie Isa und lief
verzweifelt auf und ab, als fürchtete sie, daß er sie
fassen wollte.

— Isa! vermochte er endlich hervorzubringen.

— Laß mich! Laß! schrie sie sinnlos und ver=
stopfte sich die Ohren mit den Fingern. Ich will nichts
hören. Geh' doch! Ich kann Dich nicht sehen! Ich
habe Ekel vor Dir!

Falk stand da und starrte sie irrsinnig an. Er
hörte nur diese heisere, schreiende Stimme, in der ein
hysterisches Lachen und Weinen durcheinanderkämpfte.
Es fiel ihm ein, daß er Isa nie vorher schreien ge=
hört habe.

Isa kam in Raserei. Sie stampfte mit den Füßen,
schrie ein paar unartikulirte Laute, dann lief sie um
den Tisch herum der Thür zu.

Falk kam zur Besinnung. Er hielt sie an den
Armen fest. Sie rang verzweifelt mit ihm, aber er hielt
sie immer fester, biß sich förmlich mit seinen Fingern
in ihre Arme.

— Laß mich los! schrie sie mit einer unnatür=
lichen Stimme.

Er ließ sie los und stellte sich vor die Thür.

— Ich werde gehen, aber erst sollst Du mich hören, brauste er wüthend auf.

— Ich will nichts hören. Ich hasse Dich! Ich habe Ekel vor Dir. Du beschmutzst mich! Geh' doch zu Deiner Maitresse!

Plötzlich fiel sie rücklings auf's Sopha in einem wilden Weinkrampf.

In sinnloser Angst sprang Falk auf sie zu.

Der schlanke, schmächtige Körper zuckte und wand sich in seinen Armen, als würde er von einer fremden Macht geknetet. Aus der Kehle des gequälten Weibes kamen stoßweise Schreie und Schluchzen, die unnatürlich waren, als hätte sie ein Thier ausgestoßen.

Falk trug sie auf den Balkon, faßte eine Karaffe Wasser, benetzte ihre Stirn und Schläfe, aber plötzlich erhob sie sich wieder und stieß ihn wüthend zurück.

Im nächsten Moment sank sie zusammen, sie warf sich auf das Sopha, athmete schwer: die Kräfte schienen sie zu verlassen, denn sie kroch immer mehr zusammen.

Da warf sie sich wieder mit jähem Ruck in die Höhe und stellte sich stolz und kalt vor Falk.

— Was willst Du also noch?

— Nichts, nichts mehr. Er stammelte und sah sie mit irren, verglasten Augen an.

— Nichts, nichts, wiederholte er leise.

— Du mußt Dir klar machen, daß zwischen uns Alles aus ist, daß ich nicht eine Stunde länger mit Dir zusammen unter einem Dache verbleiben will ... Ich will nicht, schrie sie rasend... Laß mich doch gehen.

Sie warf sich auf ihn und wollte ihn von der Thür wegdrängen.

Es wurde ihm ganz dunkel vor den Augen, er war nicht mehr Herr seines thierischen Wuthanfalls, er packte sie und warf sie mit ganzer Kraft auf das Sopha.

Sie sprang auf, wollte fliehen, ihre Haare hatten sich aufgelöst, er faßte sie an den Haaren, zerrte halb verrückt an ihnen und schleppte sie wieder zurück.

— Ich werde Dich tödten, ich werde Dich tödten, grinste er in einer Sekunde von völliger Sinnesverwirrung.

Sie sträubte sich nicht mehr, Alles brach in ihr — sie wurde einen Augenblick stille.

Falk fuhr in gräßlicher Angst in die Höhe.

Plötzlich hörte er sie weinen und schluchzen, müde, leise, herzzerreißend wie ein Kind.

— Wie konntest Du das nur thun, wie konntest Du es nur, jammerte sie.

Falk sank vor ihr hin. Er faßte ihre Hände, hielt sie krampfhaft an seinen Lippen, sie fühlte Thränen über ihre Hände fließen . . .

— Wie konntest Du das nur thun . . .

Er sprach kein Wort, sondern preßte noch krampfhafter ihre Hände an seine Lippen.

— Steh' auf! Steh' auf! Quäl' mich doch nicht . . . bat sie flehend!

Er stand auf. Er schien plötzlich ruhig zu sein. Nur sein Körper zuckte.

— Geh' nicht von mir, stammelte er plötzlich, ich . . . ich habe Dich zu sehr geliebt.

Da hielt er inne. Nein! Das durfte er ihr nicht
sagen, aber es kam unwillkürlich über seine Lippen.

– Ich habe den Verstand verloren. Der Mann
stand immer vor meinen Augen. Er stand immer
zwischen uns . . .

Sie starrte ihn erschreckt an, schien aber nichts zu
begreifen.

— Was? — Wer?

— Wer? fragte Falk mechanisch und besann
sich wieder.

— Nein, nichts . . . Er wich ein paar Schritte
zurück . . . Hab' ich etwas gesagt? Nein, nein! Du
sollst nur nicht gehen . . . Du kannst mit mir machen,
was Du willst . . . Nur geh' nicht!

Seine Stimme versagte.

— Es hilft nichts mehr. Sie sprach müde und
wie abwesend. Du bist mir ein fremder Mensch. Das,
was ich an Dir liebte, ist zerstört. Jetzt bist Du mir
ebenso lächerlich, wie die Anderen. Lächerlich bist Du
mir mit Deinen thierischen Begierden. Du bist auch
nur ein Thier, eine Bestie, wie die anderen Männer.
Und ich glaubte . . . Aber quäl' mich nicht, geh' jetzt.
Ich verachte Dich. Ich habe Ekel, grenzenlosen Ekel
vor Euch Allen . . . Laß mich gehen, bat sie, laß mich . . .
sie wandte sich zur Thür.

Falk vertrat ihr den Weg. Er bekam wieder einen
Wuthanfall.

— Du darfst nicht gehen. Du mußt bleiben bei
mir! Du mußt! Ich befehle es Dir, ich werde Dich
zertrümmern, zerschlagen, wenn Du gehst.

Er ging auf sie zu.

Sie wich zurück.

Er wollte sie fassen. Sie riß sich los, sie lief um den Tisch herum in entsetzlicher Angst.

— Bist Du wahnsinnig? schrie sie gellend.

Endlich faßte er sie und preßte sie in wahnsinniger Leidenschaft an sich. Sie wehrte sich aus allen Kräften, aber er preßte ihre Arme fest; seine Leidenschaft wuchs über sein Gehirn hinaus, eine kranke Gier, eine bestialische Lust, das Weib zu besitzen, kam über ihn.

— Laß mich! schrie sie fast ohnmächtig.

Aber er hatte sich nicht mehr in seiner Macht. Er schleppte sie, eng an sich gepreßt . . .

Da gelang es ihr, eine Hand freizumachen, sie bäumte sich weit zurück und schlug ihn mit der Faust ins Gesicht.

Er ließ sie los. In einem Nu fühlte er sein Inneres zu Eis gefrieren.

Er sah sie nicht. Er starrte nur auf etwas, das wie ein schwarzer Abgrund vor seinen Augen gähnte.

Als er zu sich kam, sah er ihr Gesicht und ihre Augen. Er sah sie aufmerksam an.

Sie stand wie versteinert, nur in ihren Augen ein fressender Ekel.

Sie liebt mich nicht mehr. Jetzt hatte er es verstanden.

— Du liebst mich nicht mehr?

Er fragte es mit einem eisigen Lächeln. Eigentlich war es ja gar nicht nötig zu fragen.

— Nein! sagte sie kalt und bestimmt.

Er lächelte, ohne es zu wissen, ging an die Thür, schob mit den Füßen die zerbrochenen Holzstücke zur Seite und wollte hinausgehen.

Isa fuhr plötzlich auf in wildem Haß.

— Und dieses Mädchen, schrie sie ihm nach . . .

Er blieb stehen und zuckte auf.

— Dies Mädchen, sie fing an krampfhaft zu lachen . . . Dies kleine Mädchen, das sich ertränkt hat . . . Ha, ha, ha . . . Zufällig beim Baden . . . Zufällig, lautete nicht so das officielle Bulletin? — Ah, wie du blaß bist, wie du zitterst . . . Das hast Du gemacht!

—Du! schrie sie plötzlich . . . Ein Jahr nach unserer Hochzeit! Ha, ha, ha . . . was hast Du noch für Heldenthaten verrichtet, Du stolzer, monogamer Mann? Hast Du da noch ein paar Mädchen? Ha, ha, ha . . . Sie ging herum, hielt sich den Kopf mit beiden Händen und sprach wirr vor sich hin.

— O, diese Lügen, diese Lügen . . . Nun ja — sie schrak hoch . . . Es ist nun vorbei. Geh', geh'. Es wird gut sein, wenn Du Dich des Mädchens ein wenig annimmst. Sie ist sehr elend, und sehr mager . . . Adieu, mon mari . . . Je n'ai plus rien à te dire . . . Adieu . . .

Falk hörte nichts mehr. Er fühlte auch nichts. Nur sich irgendwo hinsetzen, ganz still für sich unaufhörlich still sitzen . . .

Es klingelte.

Falk ging mechanisch an die Korridorthür und öffnete sie.

Er sah den Dienstmann gedankenlos an und wartete.

— Sind Sie Herr Falk?

— Ja.

— Ein Brief an Sie.

Er nahm den Brief, ging in sein Zimmer, legte den Brief auf den Schreibtisch, setzte sich hin und betrachtete ihn lange gedankenlos. Endlich stand er auf und öffnete ihn mechanisch. Es dauerte lange bis er sich zwang, den Inhalt zu verstehen.

Er war von Geißler. Er schrieb ihm, er würde ihn Morgens um sechs Uhr abholen. Sonst Alles in schönster Ordnung.

Falk setzte sich wieder hin und so saß er regungslos die ganze Nacht. Er hatte das Bewußtsein der Zeit verloren. Er war auch nicht schläfrig. Nur hin und wieder, wenn er Lust verspürte, zu rauchen, holte er sich eine Zigarrette und wunderte sich, daß er gar nicht denken könne; er war chemisch gereinigt von Gedanken, chemisch gereinigt wiederholte er sinnlos.

Als Geißler zur bestimmten Zeit kam, sah er ihn verwundert an.

— Ist es schon Zeit?

— Natürlich. Aber hast Du nicht geschlafen?

— Nein, sagte Falk apathisch.

Er nahm seinen alten Filzhut.

— Aber Du mußt doch den Zylinder nehmen, so formlos kann es doch nicht vor sich gehen . . .

— So, so . . . Meinetwegen kann ich den Zylinder nehmen.

Geißler sah ihn unruhig an.

Falk wurde wüthend.

— Warum siehst Du mich so mißtrauisch an? Glaubst Du, daß ich Angst habe?

Aber er verfiel gleich in seine frühere Apathie.

Als sie ankamen, wartete schon Kunicki mit seinem Sekundanten und noch einem dritten Herrn.

— Der dritte ist wohl der Arzt, dachte Falk tiefsinnig.

Alle Formalitäten waren schnell erledigt.

Falk sah mit einer stumpfen Ruhe Kunicki nach seinem Kopfe zielen.

Kunicki hat die Ueberlegenheit eines Menschen, dem die Sache eine Art Sport ist, schoß es ihm durch den Kopf. Sonderbarer Sport ... Aber wie reimt sich dies zusammen? Kunicki ist doch ein Sozialdemokrat. Das ist ja gegen alle Prinzipien. Ha, ha ... un citoyen cosmopolitique, citoyen du monde entier.

Dies citoyen du monde setzte sich in seinem Gehirne fest, begleitet von einer sonderbaren Heiterkeit.

In diesem Momente hörte er den Hahn knacken, sah Rauch, aber die Kugel flog an ihm vorbei.

Er war nun ganz und gar von einer einzigen, fixen Idee besessen: der citoyen cosmopolitique mit den hinkenden Prinzipien sollte selbst hinken ... Falk lachte in sich hinein, er hatte Mühe, seine Heiterkeit zu beherrschen. Gleichzeitig zielte er sehr ruhig und schoß: ein förmlicher Lachkrampf würgte ihn dabei im Halse.

Der Schuß traf Kunicki in die Kniescheibe.

Er flog auf und fiel hin.

— Donnerwetter, gebt mir eine Zigarette! schrie er wüthend auf.

— Wird er hinken? fragte Falk Geißler, als sie in die Stadt kamen. Die Idee hatte von seiner Seele totalen Besitz ergriffen.

— Weiß nicht.

— Citoyen cosmopolitique mit den hinkenden Prinzipien . . . Ha, ha, ha . . . Gottes Finger . . . Nun wird er selbst hinken . . .

Geißler wurde sehr unangenehm berührt. Aber Falk fiel urplötzlich in seine Apathie zurück.

— Die Satisfaktion, die man dabei kriegt, ist doch eine verflucht minimale, sagte Geißler, um das peinliche Schweigen zu unterbrechen.

Falk sah ihn an.

— Wir waren gute Freunde . . . Er ist ein scharfer Kopf, sagte er sinnend. Er hat Rodbertus widerlegt . . .

Sie schwiegen wieder.

— Ist Isa schon abgefahren? fragte Geißler.

— Sollte sie denn fahren?

Nun, ich glaubte. Geißler erhob sich unruhig.

— Du willst gehen? fragte Falk ängstlich.

— Ich muß jetzt.

Falk sah plötzlich zu ihm auf und lächelte gutmüthig.

— Du bist unruhig . . . He, he, he, Geh' nur, geh'. Ich werde mich jetzt auch schlafen legen.

## XV.

Falk preßte sich noch enger an die Wand. Er saß auf dem Sopha. Im Zimmer war es ganz dunkel. Angst packte ihn: er hörte Stimmen auf dem Korridor. Er horchte.

— Die gnädige Frau ist mit dem Knaben heute weggefahren. Der Herr sitzt in seinem Zimmer schon den ganzen Tag. Er ist wohl krank. Er will nichts essen, und nicht antworten.

Er hörte wieder klopfen.

Er rührte sich nicht. Aber dann sah er, daß die Thür aufgemacht wurde, ein breiter Streifen Licht fiel in's Zimmer, dann wurde es wieder dunkel. Die Thür schloß sich zu.

— Falk! hörte er Olga rufen.

— Pst — Still, still!

— Wo bist Du?

— Hier.

Sie tappte sich zu ihm vor.

— Was machst Du? fragte sie erschrocken.

- Es ist Jemand gestorben.

— Wer?

— Sie, sie . . . Setz' Dich nur hier . . . hier . . .

— Was haft Du in der Hand, fragte fie.

— Ein Brief von ihr. Sie ist weg. Kommt nie
wieder. Also ist fie gestorben.

Sie faßen fehr lange und hielten fich an den
Händen.

Die geheimnißvolle Stille, das Dunkel verwirrte
ihren Kopf.

— Bist Du irrfinnig? fragte fie ängftlich und leife.

— Jetzt ist es vorüber, aber ich war es.

Sie schwiegen wieder fehr lange.

— Es ist gut, daß Du kamft. Ich wäre es heute
geworden. Er atmete erleichtert auf.

— Und was nun?

Er antwortete nicht. Sie wagte nicht weiter zu
fragen.

Nach einer langen Zeit wollte fie ihn wieder fragen, da merkte fie, daß er fchlief.

Sie wagte fich nicht zu rühren, aus Angft, ihn
zu erwecken. Selbst im Schlafe hielt er ihre Hand feft.

So verging eine endlofe Zeit.

Plötzlich fetzte er fich zurecht.

— Ich werde vielleicht zu Czerski fahren. Kommft
Du mit?

— Ja.

— Vive l'humanité, kicherte er leife und vergnügt.

Kongsvinger (Norwegen).

Mai Juni Juli.